Sitzungsberichte

der

Heidelberger Akademie der Wissenschaften

Stiftung Heinrich Lanz

Mathematisch-naturwissenschaftliche Klasse

*) *Jahrgang 1921 erschien im Verlage von Carl Winters Universitätsbuchhandlung in Heidelberg.*

Im Verlag von Walter de Gruyter & Co. vormals G. J. Göschen'sche Verlagshandlung — J. Guttentag, Verlagsbuchhandlung — Georg Reimer — Karl J. Trübner — Veit & Comp., Berlin erschienen:

Abteilung A. Mathematisch-physikalische Wissenschaften.

Jahrgang 1922.

1. Perron, Oskar. Neue Summationsmethoden und Entwicklungen nach Polynomen. Reichsmark 0·30
2. Perron, Oskar. Über transzendente Funktionen auf Riemannschen Flächen. Reichsmark 0·60
3. Baldus, Richard. Über die singulären Punkte reeller Parameterkurven. Reichsmark 0·50

Jahrgang 1923.

1. Deecke, W. Mitteleuropäische Meeresströmungen der Vorzeit. Reichsmark 0·60
2. Liebmann, Heinrich. Die Lie'sche Cyklide und die Inversionskrümmung. Reichsmark 0·40
3. Perron, Oskar. Über Gleichungen ohne Affekt. Reichsmark 0·40
4. Liebmann, Heinrich. Beiträge zur Inversionsgeometrie III. Reichsmark 0·40
5. Kratzert, J. Beitrag zur Kenntnis des Andesins von Bodenmais. Reichsmark 0·50

Jahrgang 1924.

1. Th. Curtius und A. Bertho. Einwirkung von Stickstoffkohlenoxyd und von Stickwasserstoffsäure unter Druck auf aromatische Kohlenwasserstoffe. Reichsmark 0·50
2. Liebmann, Heinrich. Umkehrung des Variationsproblems der ebenen Affingeometrie. Reichsmark 0·60
3. Salomon, Wilhelm. Die Intensitäten alluvialer und diluvialer geologischer Vorgänge und ihre Einwirkung auf die pliocäne Rumpffläche des Kraichgaues und Odenwaldes. Reichsmark 1·20
4. Heffter, L. Zur absoluten Geometrie. Reichsmark 0·60
5. van Werveke, L. Über die Entstehung der lothringischen Lehme und des mittelrheinischen Lößes. Reichsmark 1·50
6. Krull, Wolfgang. Die verschiedenen Arten der Hauptidealringe. Reichsmark 0·50
7. Roeser, Ernst. Übergang von der nichteuklidischen Streckentrigonometrie zur Winkelmessung. Reichsmark 0·30
8. Wellstein, Julius. Zur Differentialgeometrie der isotropen Kurven. Reichsmark 1·50
9. Ewald Rudolf. Die geodynamischen Erscheinungen des krystallinen Odenwaldes als Beispiel einer geoisostatischen Ausgleichsschwingung. Reichsmark 1·50
10. Voelcker, Ilse. Über eine ganz junge Verwerfung bei Rauenberg im Kraichgau. Reichsmark 0·30
11. Liebmann, Heinrich. Die Aufschließung von Differentialinvarianten. Reichsmark 0·50

(Fortsetzung siehe 3. Umschlagsseite.)

*) Bestellungen auf solche Veröffentlichungen der math.-naturw. Klasse, welche früher im Verlag von Carl Winters Universitätsbuchhandlung in Heidelberg erschienen sind, nimmt auch der Verlag Walter de Gruyter & Co., Berlin, entgegen.

Sitzungsberichte
der Heidelberger Akademie der Wissenschaften
Mathematisch-naturwissenschaftliche Klasse
Jahrgang 1928. 5. Abhandlung.

Über die Zerlegungen einer Mischgruppe nach einer Untermischgruppe

Von

Reinhold Baer
in Freiburg i. Br.

Eingesandt durch Herrn Alfred Loewy in Freiburg i. Br.
am 20. April 1928

Berlin und Leipzig 1928

Walter de Gruyter & Co.

vormals G. J. Göschen'sche Verlagshandlung / J. Guttentag, Verlagsbuchhandlung / Georg Reimer / Karl J. Trübner / Veit & Comp.

Über die Zerlegungen einer Mischgruppe nach einer Untermischgruppe.

Einleitung.

Wenn wir eine Mischgruppe $\mathfrak{M}$ nach einer Untermischgruppe $\mathfrak{U}$ zerlegen wollen, zerlegen in dem Sinne, wie wir ihn aus der Algebra und insbesondere der Gruppentheorie als Restklassenbildung kennen, so läßt sich dies nicht ohne weiteres ausführen; denn es ist im allgemeinen nicht möglich, das Produkt eines beliebigen Elementes aus $\mathfrak{U}$ mit einem beliebigen Element aus $\mathfrak{M}$ zu bilden.

Trotzdem können wir — in besonderen Fällen — solche Zerlegungen bewirken, wenn wir uns erinnern, daß sich jede Mischgruppe, von der singulären abgesehen, als Quotientenmischgruppe, d. h. als System der Restklassen einer Gruppe nach einer Untergruppe darstellen läßt. Ist $\| M / E \|$ eine Darstellung von $\mathfrak{M}$, und ist die Gesamtheit U der Elemente aus M, die zu Klassen von $\| M / E \|$ gehören, welche Elemente aus $\mathfrak{U}$ darstellen, eine Untergruppe von M, so ist im allgemeinen $\| U / E \|$ eine Darstellung von $\mathfrak{U}$, und die Zerlegung von M nach U induziert eine Zerlegung von $\mathfrak{M}$ nach $\mathfrak{U}$. Es erweist sich, daß sich auf diese Weise nicht nach allen Untermischgruppen Zerlegungen realisieren lassen; andererseits lassen sich im allgemeinen nach einer Untermischgruppe auf diese Weise verschiedene, sogar wesentlich verschiedene, d. h. nicht isomorphe Zerlegungen realisieren. Diese [wesentlich] verschiedenen Zerlegungen sind natürlich nur in [wesentlich] verschiedenen Darstellungen von $\mathfrak{M}$ realisierbar. Damit ist aber der Zusammenhang der hier behandelten Fragestellung mit der nach den verschiedenen möglichen Darstellungen einer Mischgruppe hergestellt.[1])

Im einzelnen ist folgendes zu bemerken:

Im § 1 entwickeln wir die Grundbegriffe der „gruppentheoretischen" Zerlegung von $\mathfrak{M}$ nach $\mathfrak{U}$ und suchen insbesondere die Gruppen auf, die für die Realisierung einer Zerlegung in Frage kommen.

Im § 2 geben wir ein allgemeines charakteristisches Kriterium dafür, wann diese Gruppen — sie sind natürlich Gruppen ähnlicher Abbildungen von $\mathfrak{M}$ auf sich[2]) — hinsichtlich $\mathfrak{M}$ und $\mathfrak{U}$ transitiv sind, sowie eine zwar sehr brauchbare, aber

[1]) cf. R. Baer: Zur Einordnung der Theorie der Mischgruppen in die Gruppentheorie. Sitz.-Ber. der Heidelberger Akad. der Wiss.; Math.-nat. Kl. 1928; 4. Abh. — im folgenden mit „Mg" zitiert.

[2]) Im Sinne von Mg, p. 8. Definition 1 des § 2; cf. Satz 6 des § 2 p. 13 von Mg.

nur hinreichende Bedingung dafür, daß eine solche Gruppe eine Realisierung unserer Zerlegung liefert.

Im § 3 führen wir das allgemeine Problem der Zerlegung auf drei spezielle Typen zurück:

1. $\mathfrak{U}$ umfaßt den Kern $\mathfrak{K}$ und also nur ganze Klassen nach $\mathfrak{K}$;

2. jede Klasse nach $\mathfrak{K}$ und jede Klasse nach $\mathfrak{U}$ haben genau eine Klasse nach $\mathfrak{K} \frown \mathfrak{U}$ gemein;

3. zwar ist jede Klasse nach $\mathfrak{U}$ oder $\mathfrak{K}$ mit jeder andern Klasse durch eine — endliche — Kette von Inzidenzen, d. s. Klassen, die genau eine Klasse nach $\mathfrak{U} \frown \mathfrak{K}$ gemein haben, zu verbinden, aber eine Klasse nach $\mathfrak{U}$, die mit $\mathfrak{K}$ inzidiert, inzidiert nicht mit allen Klassen nach $\mathfrak{K}$, die mit $\mathfrak{U}$ inzidieren.

In den §§ 4—5 können wir eine vollständige Übersicht über die möglichen Zerlegungen der ersten beiden Typen geben, im § 6 die des dritten Typus in etwas auf die des zweiten zurückführen. Im § 7 schließlich erörtern wir die Komposition der sich ergebenden Zerlegungsmischgruppe.

Zerlegungen einer Mischgruppe nach einer Untermischgruppe — allerdings nicht in abstrakter Form — finden sich zuerst in der Darstellung, die Herr A. LOEWY neuerdings der GALOISschen Theorie gegeben hat.[1]) Unser Zerlegungsbegriff stimmt mit dem LOEWYschen überein[2]); dagegen ist die Fassung, die Herr F. K. SCHMIDT[3]) dem Zerlegungsbegriff gegeben hat, in unserem nur als Spezialfall enthalten.

An Begriffen und Tatsachen aus der Theorie der Mischgruppen setzen wir den Inhalt der §§ 1 und 2 unserer Abhandlung Mg voraus; an Abkürzungen benutzen wir: $a \varepsilon A$ = a ist Element von A; $A \frown B$ = Durchschnitt von A und B; $N(A < B)$ ist der Normalisator der Untergruppe A von B in B; $A < B$ = A ist echte Teilmenge von B.

Wir bezeichnen Mischgruppen und ihre Untermischgruppen mit großen Deutschen Buchstaben: $\mathfrak{M}, \mathfrak{U}, \mathfrak{K}, \ldots$, ihre Elemente mit kleinen Deutschen Buchstaben: $\mathfrak{a}, \mathfrak{b}, \mathfrak{x}, \ldots$, Klassen in Mischgruppen mit großen Griechischen Buchstaben: $Y, K, \ldots$, Abbildungsgruppen mit großen Lateinischen Buchstaben: M, E, ..., Abbildungen mit kleinen Lateinischen Buchstaben: a, b, ..., Ordinalzahlen mit kleinen Griechischen Buchstaben $\nu, \mu, \ldots$, wenn endlich, meist mit kleinen Lateinischen Buchstaben: i, n, ...

---

[1]) A. LOEWY: Neue elementare Begründung und Erweiterung der GALOISschen Theorie; Sitz.-Ber. d. Heidelberger Akad. d. Wiss.; Math.-nat. Kl. 1925 (7) p. 29.

[2]) Dies zeigen wir an anderer Stelle: R. BAER: Beiträge zur GALOISschen Theorie § 2.

[3]) F. K. SCHMIDT: Bemerkungen zum BRANDTschen Gruppoid; Sitz.-Ber. d. Heidelberger Akad. d. Wiss.; Math.-nat. Kl. 1927. (8) p. 94. Übrigens ist auch bei SCHMIDT die Zerlegung nicht eindeutig bestimmt, nur wenn — in unserer Bezeichnung — $\mathfrak{U} \frown \mathfrak{K}$ Normalteiler von $\mathfrak{K}$ ist. Cf. Anm. [1]) p. 25.

§ 1. Die Grundbegriffe.

(Z) *Ist* 𝔘 *eine Untermischgruppe der Mischgruppe* 𝔐, *ist weiter*

1. M* *eine zu* 𝔐 *konforme Untergruppe von* M[1]),
2. U *eine hinsichtlich* 𝔘 *transitive Untergruppe von* M*[2]),
3. $M^* \frown E = U \frown E$,

so induziert die Zerlegung ‖ M* / U ‖ *eine Zerlegung* ‖ 𝔐 / 𝔘 ‖ *von* 𝔐 *in Klassen nach* 𝔘, *indem zur gleichen Klasse nach* 𝔘 *alle und nur die Elemente von* 𝔐 *gerechnet werden, deren Repräsentanten*[3]) *in* M* *zur gleichen Klasse nach* U *gehören.*

Wir sagen dann:

diese Zerlegung von 𝔐 *nach* 𝔘 *wird durch die Zerlegung von* M* *nach* U *realisiert, ist eine gruppentheoretische Zerlegung.*

Die Bedingungen 1–3 sind für die Realisierung im folgenden Sinne auch notwendig: 1. wegen der Sätze des § 2 von Mg; 2. da sonst M* nicht nach U zerlegt werden könnte und ebenfalls wegen der Sätze des § 2 von Mg; 3. ist schließlich notwendig, da nur dann den Klassen von ‖ M* / U ‖ ganze Klassen von ‖ M* / $M^* \frown E$ ‖ bzw. von ‖ U / $U \frown E$ ‖ angehören, d. h. die Elemente von 𝔐 eindeutig auf die Klassen nach 𝔘 verteilt sind.

Satz I: *Liegt eine gruppentheoretische Zerlegung von* 𝔐 *nach* 𝔘 *vor, und wird diese durch die Zerlegung von* M* *nach* U *realisiert, so gehen bei Abbildungen aus* M* *Klassen nach* 𝔘 *aus dieser Zerlegung wieder in solche über.*

Wegen Satz 7_1 des § 2 von Mg und Anm. [2]) S. 12 von Mg geht bei U die Untermischgruppe 𝔘 in sich über; ist jetzt Ua eine Klasse von M* nach U, so geht 𝔘 bei allen Abbildungen aus Ua in die gleiche Klasse *Y* von 𝔐 nach 𝔘 über; ist nämlich *Y* das Elementesystem, in das 𝔘 bei a übergeht, so muß bei ua mit $u \varepsilon U$ ebenfalls 𝔘 in *Y* übergehen, da bei u ja 𝔘 in sich übergeht, und zwar geht die Identität von 𝔘 bei der Gesamtheit der Abbildungen aus Ua in die Gesamtheit der Elemente von *Y* über.

Sei jetzt *Y* eine beliebige Klasse von 𝔐 nach 𝔘 und Ua die Klasse von M* nach U, die 𝔘 in *Y* überführt; sei weiter x ein beliebiges Element

---

[1]) Wir verstehen – wie in Mg – unter M stets die Gruppe aller ähnlichen Abbildungen von 𝔐 auf sich ($\mathfrak{k}\,\mathfrak{a} \rightarrow \mathfrak{k}\,\mathfrak{a}'$ für alle $\mathfrak{k}\,\varepsilon\,\mathfrak{K}$, dem Kern von 𝔐); E ist die Untergruppe von M, bei der die Identität und also 𝔎 elementweise fix bleiben.

M* heißt zu 𝔐 *konform*, wenn die Zerlegungsmischgruppe ‖ M* / ($M^* \frown E$) ‖ zu 𝔐 isomorph ist, wobei einer Restklasse von M* nach $M^* \frown E$ das Element von 𝔐 zugeordnet werden möge, in das die Abbildungen aus dieser Restklasse die Identität von 𝔐 überführen.

[2]) Wegen Bedingung 1. und 3. ist dann U sogar zu 𝔘 konform, da die Bedingung des Satz 5 des § 2 von Mg für M* und also a fortiori für U erfüllt ist.

[3]) $a\,\varepsilon\,M^*$ *repräsentiert* $\mathfrak{a}\,\varepsilon\,$𝔐, wenn a die Identität aus 𝔐 in $\mathfrak{a}\,\varepsilon\,$𝔐 überführt.

aus M* und Ξ die Klasse von $\mathfrak{M}$ nach $\mathfrak{U}$, in die $\mathfrak{U}$ durch Uax übergeführt wird; dann wird Y durch x gerade in Ξ übergeführt, womit unser Satz bewiesen ist.

Satz 2: *Liegt eine gruppentheoretische Zerlegung von $\mathfrak{M}$ nach $\mathfrak{U}$ vor, und ist Y eine Klasse nach $\mathfrak{U}$ aus dieser Zerlegung, K eine nach dem Kern $\mathfrak{K}$ von $\mathfrak{M}$[1]), so ist*

$K \frown Y$ entweder leer

oder genau eine Klasse nach $\mathfrak{K} \frown \mathfrak{U}$.[1])

Ist nämlich speziell $Y = \mathfrak{U}$, so folgt unser Satz aus Satz 3 des § 1 von Mg, da ja $\mathfrak{U}$ eine Untermischgruppe ist.

Ist aber Y beliebig, so folgt unser Satz daraus, daß M* transitiv ist, es also eine Abbildung in M* gibt, bei der $\mathfrak{U}$ in Y und $\mathfrak{K}$ in K übergeht.

Definition 1: *Liege eine Aufteilung von $\mathfrak{M}$ in untereinander fremde Klassen vor, von denen eine die Untermischgruppe $\mathfrak{U}$ selbst ist; wir nennen diese eine Zerlegung von $\mathfrak{M}$ in Klassen nach $\mathfrak{U}$, wenn für jede Klasse Y dieser Aufteilung und jede Klasse K von $\mathfrak{M}$ nach $\mathfrak{K}$ gilt:*

$Y \frown K$ ist entweder leer

oder genau eine Klasse nach $\mathfrak{K} \frown \mathfrak{U}$, in der Y und K „inzidieren".

Eine ähnliche Abbildung von $\mathfrak{M}$ auf sich heißt kongruent rücksichtlich einer vorgelegten Zerlegung von $\mathfrak{M}$ nach $\mathfrak{U}$, wenn bei ihr Klassen nach $\mathfrak{U}$ in Klassen nach $\mathfrak{U}$ übergehen.

Dann besagt also der Satz 2, daß jede gruppentheoretische Zerlegung auch eine Zerlegung im Sinne der Definition 1 ist, und der Satz 1, daß die Gruppe M* ähnlicher Abbildungen, in der die gruppentheoretische Zerlegung von $\mathfrak{M}$ nach $\mathfrak{U}$ realisiert wird, eine Gruppe hinsichtlich dieser Zerlegung kongruenter Abbildungen ist.

Satz 3: *Eine Zerlegung von $\mathfrak{M}$ in Klassen nach $\mathfrak{U}$ ist dann und nur dann eine gruppentheoretische, wenn sie in der Gruppe A aller hinsichtlich dieser Zerlegung kongruenten Abbildungen realisiert werden kann.*

Es ist nur die Notwendigkeit dieser Bedingung zu zeigen.

a) Sei A* eine Realisierung, U* die zu $\mathfrak{U}$ konforme Untergruppe von A*, die zu dieser Realisierung gehört. Nach Satz 1 ist A* Untergruppe von A, also A* $\frown$ E Untergruppe von A $\frown$ E. Mit A* ist also auch A transitiv; mit A* $\frown$ E erfüllt ebenso auch A $\frown$ E die Bedingung des Satz 5 des § 2 von Mg; *also ist mit* A* *auch* A *zu* $\mathfrak{M}$ *konform.*

b) U ist die Untergruppe aller und nur der Elemente aus A, bei denen die Identität aus $\mathfrak{M}$ in Elemente aus $\mathfrak{U}$, also nach der Definition von A

[1]) Diese Zerlegung von $\mathfrak{M}$ nach $\mathfrak{K}$ bzw. einer Untergruppe von $\mathfrak{K}$ ist durch Satz 1 des § 1 von Mg eindeutig bestimmt.

auch 𝔘 in sich übergeht. Da bei A ⌒ E die Identität in sich übergeht, ist A⌒E Untergruppe von U und also: A⌒E = U⌒E.

c) Da U* Untergruppe von U ist, und da U* hinsichtlich 𝔘 transitiv ist, geht bei U die Identität aus 𝔐 in alle Elemente von 𝔘 über; *also ist* U *hinsichtlich* 𝔘 *transitiv.*

d) Sei Ua eine Klasse von A nach U. *Dann repräsentiert* Ua *genau eine Klasse Y von* 𝔐 *nach* 𝔘, nämlich die Menge der Elemente aus 𝔐, in die die Identität aus 𝔐 durch Elemente aus Ua übergeführt wird. Denn nach der Konstruktion von A führt a mit der Identität auch ganz 𝔘 in Y über und, wenn u alle Elemente aus U durchläuft, so durchläuft ua alle Elemente aus Y.

e) *Ist* $\mathrm{Ua}_1 \neq \mathrm{Ua}_2$, *so sind auch die Klassen* Y_1 *und* Y_2, *die sie bzw. repräsentieren, verschieden.* Wäre nämlich $Y_1 = Y_2$, so würde $\mathrm{Ua}_1\mathrm{a}_2^{-1}$ die Mischgruppe 𝔘 in sich überführen; es wäre also $\mathrm{Ua}_1\mathrm{a}_2^{-1} = \mathrm{U}$ oder $\mathrm{Ua}_1 = \mathrm{Ua}_2$ im Widerspruch mit unserer Annahme.

Aus dem Beweis folgt auch noch der wichtige

Zusatz: *Eine Zerlegung von* 𝔐 *in Klassen nach* 𝔘 *ist dann und nur dann realisierbar, wenn die Gruppe* A *aller kongruenten Abbildungen zu* 𝔐 *konform und die Untergruppe* U *von* A, *bei der* 𝔘 *in sich übergeht, hinsichtlich* 𝔘 *transitiv ist.*

Bei dem Beweise wurde ja nur vorausgesetzt, daß A eine Gruppe kongruenter Abbildungen ist, A eine zu 𝔐 konforme, U eine hinsichtlich 𝔘 transitive Untergruppe besitzt.

Satz 4: *Ist* 𝔘 *speziell eine Untergruppe des Kernes* 𝔎, *so wird die Zerlegung von* 𝔐 *nach* 𝔘 *(cf. Satz 1 des § 1 von Mg!) realisiert*[1]), *wenn man die Gruppe* M *aller ähnlichen Abbildungen von* 𝔐 *auf sich nach der Untergruppe* U *aller und nur der Elemente aus* M *zerlegt, bei denen* 𝔘 *in sich übergeht.*[2])

Die Bedingung 1 von (Z) ist wegen Satz 3 des § 2 von Mg erfüllt; da 𝔘 als Untergruppe von 𝔎 bei Abbildungen aus M dann und nur dann invariant bleibt, wenn 𝔎 dies tut (cf. Satz 1 des § 1 von Mg!), so ist E Untergruppe von U; also erfüllt mit M auch U die Bedingung des Satz 5 des § 2 von Mg, woraus 2 von (Z) folgt; die Bedingung 3 von (Z) folgt daraus ebenfalls, da

$$\mathrm{M} \frown \mathrm{E} = \mathrm{U} \frown \mathrm{E} = \mathrm{E}$$

gilt.

Es bleibt noch zu zeigen, daß die von M, U realisierte Zerlegung von 𝔐 nach 𝔘 mit der des Satzes 1 des § 1 von Mg übereinstimmt: seien

[1]) Diese Zerlegung ist auch die einzige realisierbare Zerlegung.

[2]) Hier wird, wie im Zweifelsfalle stets vorausgesetzt, daß 𝔐 von der singulären Mischgruppe verschieden ist.

a_i (i = 1, 2) zwei Elemente von M, so daß $a_1 = ua_2$ mit $u \varepsilon U$ gilt. Es führe a_i die Identität von $\mathfrak{M}$ in $\mathfrak{a}_i$ und u sie in $\mathfrak{u} \varepsilon \mathfrak{U}$ über; notwendig führt a_2 auch $\mathfrak{u}$ in $\mathfrak{a}_1$ über; aus der Ähnlichkeit dieser Abbildungen folgt, daß $\mathfrak{u}$ bei a_2 in $\mathfrak{u}\mathfrak{a}_2$ übergeht (wegen $\mathfrak{u} \varepsilon \mathfrak{K}$); also ist

$$\mathfrak{a}_1 = \mathfrak{u}\,\mathfrak{a}_2,$$

d. h. Elemente, die gemäß unserer Realisierung zur gleichen Klasse gehören, tun dies auch nach Satz 1 des § 1 von Mg.

Sei umgekehrt $\mathfrak{a}_1 = \mathfrak{u}\mathfrak{a}_2$ mit $\mathfrak{u} \varepsilon \mathfrak{U}$; führe a_i (i = 1,2) die Identität in $\mathfrak{a}_i$ und $u \varepsilon U$ sie in $\mathfrak{u}$ über. Dann folgt aus der Ähnlichkeit dieser Abbildungen und aus $\mathfrak{u} \varepsilon \mathfrak{K}$, daß $\mathfrak{u}$ durch a_2 in $\mathfrak{u}\mathfrak{a}_2 = \mathfrak{a}_1$ übergeführt wird; also geht die Identität durch ua_2 in $\mathfrak{a}_1$ über, wie dies auch a_1 bewirkt; also ist: $a_1 = eua_2$, wo $e \varepsilon E$ gilt, d. h. $a_1 = u' a_2$ mit $u' \varepsilon U$; Elemente, die nach Satz 1 des § 1 von Mg zur gleichen Klasse gehören, tun dies also auch gemäß unserer Realisierung.

Ebenso beweist man den

Zusatz: *Ist* M* *eine zu* $\mathfrak{M}$ *konforme Untergruppe von* M, U *die Untergruppe des Satzes 4, so realisiert* M*, $M^* \frown U$ *die Zerlegung von* $\mathfrak{M}$ *nach* $\mathfrak{U}$ *gemäß Satz 1 des § 1 von Mg.*

Satz 5: *Wenn* $\mathfrak{U}$ *nicht in* $\mathfrak{K}$ *enthalten ist, so ist die Bedingung 3 von (Z) gewiß nicht für die Gruppe* M *aller ähnlichen Abbildungen von* $\mathfrak{M}$ *auf sich erfüllt.*

Sei nämlich U die Untergruppe aller und nur der Elemente von M, bei denen $\mathfrak{U}$ in sich übergeht und sei $\mathfrak{u} \varepsilon \mathfrak{U}$, aber $\mathfrak{u} \notin \mathfrak{K}$; weiter sei $\mathfrak{a} \notin \mathfrak{U}$ und $\mathfrak{a} \notin \mathfrak{K}$.

Dann gibt es ein $u \varepsilon U$, das die Identität in $\mathfrak{u}$ überführt, ein $e \varepsilon E$, das die Identität in sich, aber $\mathfrak{u}$ in $\mathfrak{a}$ überführt; also ist $e \notin U$, d. h. $U \frown E \neq E = M \frown E$.

Zusatz: *Dann und nur dann läßt sich in jeder Darstellung von* $\mathfrak{M}$ *eine Zerlegung nach der echten Untermischgruppe* $\mathfrak{U}$ *von* $\mathfrak{M}$ *realisieren, wenn* $\mathfrak{U}$ *eine Untergruppe des Kernes* $\mathfrak{K}$ *von* $\mathfrak{M}$ *ist.*[1])

Dies folgt aus Satz 5 und dem Zusatz zu Satz 4.

Definition 2: *Zwei Zerlegungen von* $\mathfrak{M}$ *nach* $\mathfrak{U}$ *im Sinne der Definition 1 heißen dann und nur dann* i s o m o r p h, *wenn es einen Isomorphismus von* $\mathfrak{M}$ *auf sich gibt, bei dem*

1. $\mathfrak{U}$ *in sich übergeht und*

2. eine jede Klasse nach $\mathfrak{U}$ *der ersten Zerlegung in genau eine Klasse nach* $\mathfrak{U}$ *der zweiten Zerlegung übergeht.*

---

[1]) cf. F. K. SCHMIDT l. c. p. 96.

Satz 6: *Ist* i *ein Isomorphismus von* $\mathfrak{M}$, *der die erste in die zweite Zerlegung überführt, und wird die erste Zerlegung durch* $\| A_1 / U_1 \|$ *realisiert, so die zweite durch* $\| A_2 / U_2 \|$, *wenn*

$$A_2 = i^{-1} A_1 i, \quad U_2 = i^{-1} U_1 i$$

ist.

Denn wir zeigten in Mg § 3 beim Beweis des Satz 6_2, daß i^{-1} x i eine ähnliche Abbildung von $\mathfrak{M}$ auf sich ist, wenn x es ist und wenn i ein Isomorphismus von $\mathfrak{M}$ ist; dabei induziert: $x \to i^{-1}\, x\, i$ den Isomorphismus von M, der in $\mathfrak{M}$ gerade i bewirkt.

§ 2. Die Gruppe der kongruenten Abbildungen.

Es liege eine Zerlegung von $\mathfrak{M}$ nach der Untermischgruppe $\mathfrak{U}$ im Sinne der Definition 1 des § 1 vor.

Definition 1: *Ein vollständiges, zusammenhängendes System* Σ *ist eine Menge von Klassen nach* $\mathfrak{K}$ *und nach* $\mathfrak{U}$ *mit den folgenden Eigenschaften:*

a.) es gehört wenigstens eine Klasse zu Σ;

b.) mit irgendeiner Klasse K bzw. Y nach $\mathfrak{K}$ *bzw.* $\mathfrak{U}$ *gehören auch alle die Klassen nach* $\mathfrak{U}$ *bzw.* $\mathfrak{K}$ *zu* Σ, *die mit K bzw. Y inzidieren;*

c.) ist T eine a.) b.) erfüllende Menge, so ist Σ *Teilmenge von T*[1]).

Satz 1: *Dann und nur dann ist die Gruppe* A *aller kongruenten Abbildungen transitiv, wenn es für irgendzwei vollständige, zusammenhängende Systeme* Σ_1 *und* Σ_2 *eine eineindeutige Abbildung der Klassen aus* Σ_1 *auf die aus* Σ_2 *gibt, so daß*

1. Klassen nach $\mathfrak{K}$ *bzw.* $\mathfrak{U}$ *auf Klassen nach* $\mathfrak{K}$ *bzw.* $\mathfrak{U}$ *abgebildet werden,*

2. zwei Klassen dann und nur dann inzidieren, wenn ihre Bildklassen es tun,

3. inzidieren die Klassen Y_i $(i = 1, 2)$ *nach* $\mathfrak{U}$ *mit der Klasse* $K = \mathfrak{K}\mathfrak{a}$ *nach* $\mathfrak{K}$ *in* $K \frown Y_i = (\mathfrak{K} \frown \mathfrak{U})\, \mathfrak{k}_i\, \mathfrak{a}$, *so die Bildklassen* Y_i' *mit der Bildklasse* $K' = \mathfrak{K}\mathfrak{a}'$ *in*

$$K' \frown Y_i' = (\mathfrak{K} \frown \mathfrak{U})\, \mathfrak{k}_i\, \mathfrak{a}'.$$

4. sind K_0^i, Y_0^i $(i = 1, 2)$ *zwei inzidierende, sonst aber beliebige, feste Klassen aus* Σ_i, *so soll bei dieser Abbildung* K_0^1 *in* K_0^2, Y_0^1 *in* Y_0^2 *übergehen.*

A. Wenn A transitiv ist, so muß 4. durch eine Abbildung $a \varepsilon A$ erfüllbar sein; da a ähnlich ist, muß hierbei 3. erfüllt werden; 1. und 2. schließlich folgen aus dem Satz 1 des § 1.

B. Wenn A transitiv sein soll, so muß es in A eine Abbildung a geben, die die Identität aus $\mathfrak{M}$ in ein beliebig vorgegebenes Element $\mathfrak{a} \varepsilon \mathfrak{M}$ überführt. Wir haben also ein solches a zu konstruieren.

Enthalte Σ_1 u. a. $\mathfrak{K}$ und $\mathfrak{U}$, Σ_2 die Klassen K und Y, für die $\mathfrak{a} \varepsilon K \frown Y$ gilt. Dann gibt es eine den Bedingungen 1.–3. unseres Satzes genügende Abbildung $\bar{a}$ von Σ_1 auf Σ_2, bei der $\mathfrak{K}$ in K, $\mathfrak{U}$ in Y (Bedingung 4) übergeht. Um a gemäß Zusatz 3 zu Satz 1 des § 2 von Mg zu bestimmen, setzen wir zunächst fest, daß die Identität

---

[1]) Da bei Abbildungen aus A Klassen nach $\mathfrak{K}$ bzw. $\mathfrak{U}$ wieder in Klassen nach $\mathfrak{K}$ bzw. $\mathfrak{U}$ übergehen, so gehen bei Abbildungen aus A

1. inzidierende Klassen wieder in inzidierende und also
2. vollständige, zusammenhängende Systeme wieder in solche über.

in $\mathfrak{a} \varepsilon \mathfrak{M}$ übergehen soll; weiter sei $K \neq \mathfrak{K}$ eine beliebige Klasse aus Σ_1, Y eine — etwa die in einer Wohlordnung der Y erste — mit K inzidierende Klasse, K', Y' ihre Bildklassen bei $\bar{a}$; sei $\mathfrak{e} \varepsilon K \frown Y$ und $\mathfrak{e}' \varepsilon K' \frown Y'$ beliebig; bei a soll $\mathfrak{e}'$ das Bild von $\mathfrak{e}$ sein.

Ist jetzt $\Sigma_1 = \Sigma_2$, so ist damit a auch für Σ_2 festgelegt; ist $\Sigma_1 \neq \Sigma_2$, so werde a für Σ_2 so festgelegt, daß die Identität auch das Bild von $\mathfrak{a}$ und $\mathfrak{e}$ das Bild von $\mathfrak{e}'$ sei.

Für die von Σ_i ($i = 1, 2$) verschiedenen Σ sei a als identische Abbildung festgelegt.

Daß a nicht nur für die ausgewählten Klassen Y, Y' die Abbildung $\bar{a}$ realisiert, sondern für alle Klassen aus Σ_i, folgt daraus, daß $\bar{a}$ den Bedingungen 1.—3. genügt, insbesondere 3, die in etwas 1, 2 umfaßt. Aus unserem Satz folgt leicht:

Zusatz 1: *Die Menge der Klassen nach $\mathfrak{K}$ bzw. $\mathfrak{U}$ bzw. $\mathfrak{K} \frown \mathfrak{U}$, die in einem vollständigen, zusammenhängenden System auftreten, ist gleichmächtig den entsprechenden Mengen in jedem andern vollständigen, zusammenhängenden System*[1]).

Zusatz 2: *Ist Y bzw. K eine beliebige Klasse nach $\mathfrak{U}$ bzw. $\mathfrak{K}$, so ist die Menge der Klassen nach $\mathfrak{K} \frown \mathfrak{U}$, die in Y bzw. K auftreten, gleichmächtig der Menge der Klassen nach $\mathfrak{K} \frown \mathfrak{U}$, die in $\mathfrak{U}$ bzw. $\mathfrak{K}$ auftreten*[1]).

Zusatz 3: *Die Menge der Elemente von Y bzw. K ist gleichmächtig der Menge der Elemente von $\mathfrak{U}$ bzw. $\mathfrak{K}$*[1]).

Satz 2: *Dann und nur dann gibt es eine kongruente Abbildung* $a \neq 1$, *bei der*

eine Klasse K nach $\mathfrak{K}$ und jede mit ihr inzidierende Klasse nach $\mathfrak{U}$, jedoch nicht identisch, in sich übergehen,

wenn $\mathfrak{K} \frown \mathfrak{U}$ einen von der Identität verschiedenen Normalteiler von $\mathfrak{K}$ enthält.

A. Sei $K = \mathfrak{K}\mathfrak{x}$; gibt es ein a, das den Bedingungen des Satzes genügt, so geht hierbei $\mathfrak{K}\mathfrak{x}$ in $\mathfrak{K}\mathfrak{k}_0\mathfrak{x}$ mit $\mathfrak{k}_0 \varepsilon \mathfrak{K}$, aber $\mathfrak{k}_0 \neq 1$, speziell also $\mathfrak{x}$ in $\mathfrak{k}_0\mathfrak{x}$ über. Dabei geht $(\mathfrak{K} \frown \mathfrak{U})\,\mathfrak{k}\mathfrak{x}$ in $(\mathfrak{K} \frown \mathfrak{U})\,\mathfrak{k}\mathfrak{k}_0\mathfrak{x}$ über und es soll $(\mathfrak{K} \frown \mathfrak{U})\,\mathfrak{k}\mathfrak{x} = (\mathfrak{K} \frown \mathfrak{U})\,\mathfrak{k}\mathfrak{k}_0\mathfrak{x}$ sein; also muß

$$(\mathfrak{K} \frown \mathfrak{U})\,\mathfrak{k} = (\mathfrak{K} \frown \mathfrak{U})\,\mathfrak{k}\mathfrak{k}_0 = (\mathfrak{K} \frown \mathfrak{U})\,(\mathfrak{k}\,\mathfrak{k}_0\mathfrak{k}^{-1})\,\mathfrak{k} \quad \text{oder}$$
$$\mathfrak{K} \frown \mathfrak{U} = (\mathfrak{K} \frown \mathfrak{U})\,(\mathfrak{k}\,\mathfrak{k}_0\,\mathfrak{k}^{-1}), \quad \text{d. h.}$$

$\mathfrak{k}\,\mathfrak{k}_0\,\mathfrak{k}^{-1} \varepsilon \mathfrak{K} \frown \mathfrak{U}$ für alle $\mathfrak{k} \varepsilon \mathfrak{K}$ sein.

B. Enthält $\mathfrak{K} \frown \mathfrak{U}$ einen von der Identität verschiedenen Normalteiler von $\mathfrak{K}$, so gibt es ein Element $\mathfrak{k}_0 \varepsilon \mathfrak{K} \frown \mathfrak{U}$, $\mathfrak{k}_0 \neq 1$, so daß für alle $\mathfrak{k} \varepsilon \mathfrak{K}$ gilt:

$$\mathfrak{k}\mathfrak{k}_0\,\mathfrak{k}^{-1} \varepsilon \mathfrak{K} \frown \mathfrak{U}.$$

Wir bestimmen dann a gemäß Zusatz 3 des Satz 1 des § 2 von Mg so, daß, wenn $K = \mathfrak{K}\,\mathfrak{x}$ ist, $\mathfrak{x}$ in $\mathfrak{k}_0\,\mathfrak{x}$ übergeht, während a in allen andern Klassen nach $\mathfrak{K}$ die identische Abbildung liefert. Wegen

$$(\mathfrak{K} \frown \mathfrak{U})\,\mathfrak{k}\mathfrak{k}_0\,\mathfrak{x} = (\mathfrak{K} \frown \mathfrak{U})\,(\mathfrak{k}\,\mathfrak{k}_0\,\mathfrak{k}^{-1})\,\mathfrak{k}\,\mathfrak{x} =$$
$$= (\mathfrak{K} \frown \mathfrak{U})\,\mathfrak{k}\,\mathfrak{x}$$

erfüllt dann a die Bedingungen des Satzes.

---

[1]) Vorausgesetzt, daß A hinsichtlich $\mathfrak{M}$ transitiv ist.

Zusatz: *Enthält $\mathfrak{K} \frown \mathfrak{U}$ einen von der Identität verschiedenen Normalteiler von $\mathfrak{K}$, so ist jede Zerlegung von $\mathfrak{M}$ nach $\mathfrak{U}$ gemäß (Z) realisierbar, für die die Gruppe A aller congruenten Abbildungen transitiv ist.*

Die hier angegebene Bedingung ist im allgemeinen nicht notwendig.

Wegen des Zusatzes zu Satz 3 des § 1 haben wir nur zu zeigen, daß A zu $\mathfrak{M}$ konform, U hinsichtlich $\mathfrak{U}$ transitiv ist; A ist aber n. V. hinsichtlich $\mathfrak{M}$, also auch U hinsichtlich $\mathfrak{U}$ transitiv; wendet man Satz 2 auf $\mathfrak{K}$ an, so folgt, daß die Bedingung des Satz 5 des § 2 von Mg erfüllt ist, woraus der Zusatz folgt.

§ 3. Reduktion einer vorgelegten Zerlegung auf einfachere.

Wegen Satz 1 des § 1 haben wir nur kongruente Abbildungen von $\mathfrak{M}$ zu studieren, um zu ermitteln, ob eine vorgelegte Zerlegung sich gemäß (Z) des § 1 realisieren läßt. Wegen Satz 3 des § 1 betrachten wir die Gruppe M* aller kongruenten Abbildungen von $\mathfrak{M}$ auf sich. Die Untergruppe aller und nur der Elemente von M*, bei denen eine gewisse Untermischgruppe $\mathfrak{A}$ von $\mathfrak{M}$ in sich übergeht, wollen wir stets A* nennen.

Definition 1: *Eine Untermischgruppe $\mathfrak{U}$ von $\mathfrak{M}$ heiße 1. Art [in $\mathfrak{M}$], wenn $\mathfrak{U}$ den ganzen Kern von $\mathfrak{M}$ umfaßt, d. h. wenn*

$$\mathfrak{U} \frown \mathfrak{K} = \mathfrak{K}$$

ist.

Ebenso heiße eine Zerlegung nach einer Untermischgruppe 1. Art eine Zerlegung 1. Art.

Definition 2: *Eine Zerlegung von $\mathfrak{M}$ nach $\mathfrak{U}$ heiße einfach, wenn es bei ihr ein und nur ein vollständiges, zusammenhängendes System[1]) gibt, d. h. wenn irgendein Paar von Klassen nach $\mathfrak{K} \frown \mathfrak{U}$ durch eine endliche Kette von Inzidenzen verbunden werden kann.*

Satz 1: *Es liege eine gruppentheoretische Zerlegung von $\mathfrak{M}$ nach $\mathfrak{U}$ vor; dann gibt es eine Untermischgruppe $\mathfrak{U}_1$ von $\mathfrak{M}$, so daß*

1. $\mathfrak{U}_1$ 1. Art in $\mathfrak{M}$ ist,

2. durch die vorgelegte Zerlegung von $\mathfrak{M}$ nach $\mathfrak{U}$ in $\mathfrak{U}_1$ eine in U_1 realisierbare, einfache Zerlegung von $\mathfrak{U}_1$ nach $\mathfrak{U}$ induziert wird,

3. die Zerlegung von M nach U_1^* eine Zerlegung von $\mathfrak{M}$ nach $\mathfrak{U}_1$ realisiert, deren einzelne Klassen je aus einem und nur aus einem vollständigen, zusammenhängenden System von $\mathfrak{M}$ nach $\mathfrak{U}$ bestehen.*

Sei nämlich $\mathfrak{U}_1$ das $\mathfrak{U}$ und $\mathfrak{K}$ umfassende vollständige, zusammenhängende System; dann ist $\mathfrak{U}_1$ 1. Art in $\mathfrak{M}$ und es gilt: $\mathfrak{U} \leqq \mathfrak{U}_1 \leqq \mathfrak{M}$, also auch $U^* \leqq U_1^* \leqq M^*$ und $U^* \frown E \leqq U_1^* \frown E \leqq M^* \frown E = U^* \frown E$, also

$$U_1^* \frown E = M^* \frown E.$$

---

[1]) Vgl. Definition 1 des § 2.

Es ist noch die Transitivität von U_1^* gegenüber U_1 zu zeigen. Da aber nach Anm. [1]) S. 9 bei kongruenten Abbildungen vollständige, zusammenhängende Systeme wieder in solche übergehen, so umfaßt U_1^* alle und nur die Elemente aus M*, bei denen die Identität aus $\mathfrak{M}$ in Elemente aus $\mathfrak{U}_1$ übergeht. Also folgt aus der Transitivität von M* die von U_1^*.

Man sieht, daß durch Satz 1 alle Zerlegungen auf einfache und solche 1. Art zurückgeführt sind.

Definition 3: *Eine [einfache] Zerlegung heißt eine Zerlegung 2. Art, wenn jede Klasse nach $\mathfrak{U}$ mit $\mathfrak{K}$ inzidiert.*

Satz 2: *Eine Zerlegung ist dann und nur dann 2. Art, wenn jede Klasse nach $\mathfrak{K}$ mit $\mathfrak{U}$ inzidiert, vorausgesetzt, daß die Gruppe der kongruenten Abbildungen transitiv ist.*

Denn sonst gäbe es, die Transitivität von M* vorausgesetzt, eine Klasse nach $\mathfrak{K}$ bzw. nach $\mathfrak{U}$, die nicht mit allen Klassen nach $\mathfrak{U}$ bzw. nach $\mathfrak{K}$ inzidierte und also kongruente Abbildungen von $\mathfrak{M}$ auf sich, bei denen die Gesamtheit der Klassen nach $\mathfrak{U}$ bzw. nach $\mathfrak{K}$ in einen Teil überginge, was mit der Eineindeutigkeit der kongruenten Abbildungen in Widerspruch steht.

Definition 4: *Eine einfache Zerlegung heißt eine Zerlegung 3. Art, wenn es zu jeder mit $\mathfrak{K}$ inzidierenden Klasse $Y \neq \mathfrak{U}$ nach $\mathfrak{U}$ wenigstens eine mit $\mathfrak{U}$ inzidierende Klasse K nach $\mathfrak{K}$ gibt, so daß K und Y nicht inzidieren, d. h. $K \frown Y = 0$.*

Satz 3: *Eine einfache Zerlegung ist entweder 2. Art oder 3. Art oder sie läßt sich auf eine 2. und eine 3. Art zurückführen.*

Umfasse $\mathfrak{U}_1$ alle und nur die Klassen Y von $\mathfrak{M}$ nach $\mathfrak{U}$, welche mit allen und nur den Klassen nach $\mathfrak{K}$ inzidieren, die mit $\mathfrak{U}$ inzidieren[1]).

Ist $\mathfrak{U}_1 = \mathfrak{M}$, so ist $\mathfrak{U}$ 2. Art in $\mathfrak{M}$;

Ist $\mathfrak{U}_1 = \mathfrak{U}$, so ist $\mathfrak{U}$ 3. Art in $\mathfrak{M}$.

Ebenso wie beim Beweis des Satz 1 führen wir jetzt den Beweis unseres Satzes auf den Beweis der Tatsache zurück, daß bei kongruenten Abbildungen von $\mathfrak{M}$ auf sich $\mathfrak{U}_1$ entweder in sich oder in ein fremdes System übergeht. Dies folgt aber daraus, daß jede Klasse nach $\mathfrak{U}$, die nicht zu $\mathfrak{U}_1$ gehört, mit einer Klasse nach $\mathfrak{K}$ inzidiert, die nicht mit den Klassen von $\mathfrak{U}_1$ inzidiert. —

Damit ist das Studium der Zerlegungen überhaupt auf das der Zerlegungen 1., 2. und 3. Art zurückgeführt.

Man beachte die ausgezeichnete Stellung der Zerlegungen 1. und 2. Art. Ob nach einer Untermischgruppe $\mathfrak{U}$ allein eine Zerlegung 1. bzw. 2. Art möglich ist, hängt nur von der Struktur von $\mathfrak{U}$ ab (ob nämlich $\mathfrak{U}$ Untermischgruppe 1. oder 2. Art ist; vgl. Satz 2!). Dies ist aber bei den Zerlegungen 3. Art nicht mehr der Fall.

---

[1]) Die also mit den gleichen Klassen nach $\mathfrak{K}$ inzidieren wie $\mathfrak{U}$ selbst.

§ 4. Die Zerlegungen I. Art.

Sei im folgenden $\mathfrak{U}$ eine Untermischgruppe 1. Art von $\mathfrak{M}$, d. h.

$$\mathfrak{U} \frown \mathfrak{K} = \mathfrak{K}$$

und liege eine Zerlegung von $\mathfrak{M}$ nach $\mathfrak{U}$ vor.

Satz I: *Dann und nur dann ist gleichzeitig* M* — *die Gruppe aller kongruenten Abbildungen von* $\mathfrak{M}$ *auf sich — gegenüber* $\mathfrak{M}$

und U* — *die größte Untergruppe von* M*, *bei der* $\mathfrak{U}$ *in sich übergeht — gegenüber* $\mathfrak{U}$ *transitiv,*

wenn die Mengen der Klassen nach $\mathfrak{K}$, *die zu verschiedenen Klassen nach* $\mathfrak{U}$ *gehören, gleichmächtig sind.*

A. Ist M* transitiv, so gibt es kongruente Abbildungen von $\mathfrak{M}$ auf sich, bei denen $\mathfrak{U}$ in eine beliebig vorgegebene Klasse Y nach $\mathfrak{U}$ übergeht; da aber n. V. die Klassen nach $\mathfrak{U}$ ebenso wie $\mathfrak{U}$ ganze Klassen nach $\mathfrak{K}$ enthalten, so bewirkt diese Abbildung eine eineindeutige Abbildung der in $\mathfrak{U}$ enthaltenen Klassen nach $\mathfrak{K}$ auf die in Y enthaltenen.

B. Sei die Bedingung des Satzes erfüllt; wir haben nur die Transitivität von M* nachzuweisen, da aus ihr die von U* folgt — M* besteht ja nur aus kongruenten Abbildungen. — Sei $\mathfrak{a} \,\varepsilon\, \mathfrak{M}$ beliebig.

B_1. $\mathfrak{a} \,\varepsilon\, Y \neq \mathfrak{U}$.

Seien $\mathfrak{K}\mathfrak{a}_{1\nu}$ die Klassen von Y und $\mathfrak{K}\mathfrak{a}_{0\nu}$ die von $\mathfrak{U}$; speziell sei $\mathfrak{a}_{00} = 1$ und $\mathfrak{a}_{10} = \mathfrak{a}$. Sei die Zuordnung der Klassen von $\mathfrak{U}$ auf die von Y so beschaffen, daß $\mathfrak{K}\mathfrak{a}_{0\nu}$ die Klasse $\mathfrak{K}\mathfrak{a}_{1\nu}$ zugeordnet ist.

Gemäß Zusatz 3 des Satz 1 des § 2 von Mg definieren wir eine ähnliche Abbildung a von $\mathfrak{M}$ auf sich, indem wir $\mathfrak{a}_{0\nu}$ und $\mathfrak{a}_{1\nu}$ einander zuordnen; in den übrigen Klassen von $\mathfrak{M}$ nach $\mathfrak{U}$ sei die Abbildung die Identität.

a leistet das Verlangte.

B_2. $\mathfrak{a} \,\varepsilon\, \mathfrak{U}$.

Die ähnliche Abbildung a sei in allen von $\mathfrak{K}$ und $\mathfrak{K}\mathfrak{a}$ verschiedenen Klassen nach $\mathfrak{K}$ die identische, für diese aber durch die Zuordnung der Identität zu $\mathfrak{a}$ und umgekehrt definiert.

Durch eine einfache Modifikation des Beweises B. folgt — ev. unter Anwendung transfiniter Induktion — der

Zusatz: *Genügt eine Zerlegung von* $\mathfrak{M}$ *nach* $\mathfrak{U}$ *der Bedingung des Satz 1, so läßt sich durch eine kongruente Abbildung von* $\mathfrak{M}$ *auf sich bewirken*

1. eine beliebig vorgegebene, eineindeutige Abbildung des Systems der Klassen von $\mathfrak{M}$ *nach* $\mathfrak{U}$ *auf sich,*

2. eine beliebig vorgegebene, eineindeutige Abbildung des Systems der

Klassen von $\mathfrak{M}$ nach $\mathfrak{K}$ auf sich, bei der jede Klasse nach $\mathfrak{K}$ in eine übergeht, die zur gleichen Klasse nach $\mathfrak{U}$ gehört,[1])

3. eine beliebig vorgegebene, ähnliche Abbildung von $\mathfrak{M}$ auf sich, bei der jede Klasse nach $\mathfrak{K}$ in sich übergeht.[2])

Durch 1.—3. ist die allgemeinste kongruente Abbildung charakterisiert.

Satz 2: *Irgendzwei Satz 1 genügende Zerlegungen sind dann und nur dann isomorph, wenn die Mengen der Klassen nach $\mathfrak{U}$ in beiden Zerlegungen gleiche Mächtigkeit besitzen.*

A. Die Notwendigkeit der Bedingung folgt aus der Isomorphiedefinition bes. Bed. 2 der Definition 2 des § 1.

B. Seien $Y_\nu^{(i)}$ für i = 1,2 die Klassen nach $\mathfrak{U} = Y_0^{(i)}$ der beiden Zerlegungen und sei je dem $Y_\nu^{(1)}$ das $Y_\nu^{(2)}$ zugeordnet. Sind $\mathfrak{K}\mathfrak{a}_{\nu\mu}^{(i)}$ die Klassen nach $\mathfrak{K}$ aus $Y_\nu^{(i)}$, so sind deren Mengen gleichmächtig.

Wir definieren den gesuchten Isomorphismus so, daß bei ihm $\mathfrak{U}$ invariant bleibt; er ist also nach Satz 1 des § 3 von Mg eine ähnliche Abbildung, die wir gemäß Zusatz 3 des Satz 1 von § 2 von Mg durch:

$$\mathfrak{a}_{\nu\mu}^{(1)} \to \mathfrak{a}_{\nu\mu}^{(2)} \quad (\nu \neq 0)$$

bestimmen.

Aus Satz 1 und Satz 2 folgt der

Zusatz 1: *Dann und nur dann gestattet $\mathfrak{M}$ nichtisomorphe Zerlegungen nach $\mathfrak{U}$, die dem Satz 1 genügen, wenn*

1. $\mathfrak{M}$ unendlich viele Klassen nach $\mathfrak{K}$ besitzt und

2. die Mächtigkeit der Menge der Klassen nach $\mathfrak{K}$, die nicht in $\mathfrak{U}$ vorkommen, nicht niedriger ist als die derer in $\mathfrak{U}$.

Zusatz 2: *Für $\mathfrak{U} \neq \mathfrak{M}$ gibt es dann und nur dann eine und nur eine Zerlegung von $\mathfrak{M}$ nach $\mathfrak{U}$, die der Bedingung des Satz 1 genügt, wenn*

a. entweder $\mathfrak{U} = \mathfrak{K}$ oder

b. die Anzahl der Klassen von $\mathfrak{M}$ nach $\mathfrak{K}$ endlich und doppelt so groß wie die der in $\mathfrak{U}$ enthaltenen ist.

A. Das Hinreichen der Bedingung b ist evident, das von a folgt aus Satz 4 des § 1 und dem Zusatz zu Satz 4 des § 1.

B. Sei die Zahl der Klassen nach $\mathfrak{K}$ in $\mathfrak{U}$ größer als 1 und sei es möglich, $\mathfrak{M}$ in mehr als zwei Klassen nach $\mathfrak{U}$ zu zerlegen:

---

[1]) Ist die Menge der Klassen nach $\mathfrak{U}$ endlich, so braucht dies nur für $\mathfrak{U}$ selbst unter Invarianthaltung aller übrigen Klassen nach $\mathfrak{U}$ gefordert zu werden.

[2]) Ist die Menge der Klassen nach $\mathfrak{K}$ endlich, so braucht dies nur für $\mathfrak{K}$ selbst unter Invarianthaltung aller übrigen Klassen nach $\mathfrak{K}$ gefordert zu werden.

$\mathfrak{M} = Y_1 + Y_2 + Y_3 + Y_4 + \ldots, Y_1 = \mathfrak{U}$. Wir erhalten eine neue Einteilung:

$\mathfrak{M} = Y_1 + Y_2' + Y_3' + Y_4 + \ldots,$ wobei

$Y_2' \frown Y_3 = \mathfrak{K}\mathfrak{a}_3$, $Y_3' \frown Y_2 = \mathfrak{K}\mathfrak{a}_2$ ist, während in den übrigen Klassen nach $\mathfrak{K}$ je Y_i mit Y_i' $(i = 2{,}3)$ übereinstimmt, d. h. es wird eine Klasse nach $\mathfrak{K}$ aus Y_2 in Y_3' und eine aus Y_3 in Y_2' hineingetan.

Satz 3: *Für* $\mathfrak{U} \neq \mathfrak{M}$ *ist eine der Bedingung des Satz 1 genügende Zerlegung dann und nur dann realisierbar, wenn* $\mathfrak{U}$ *und* $\mathfrak{M}$ *von der singulären Mischgruppe verschieden sind.*

A. Die Notwendigkeit der Bedingung folgt aus dem Zusatz des Satz 3 des § 2 von Mg.

B. Es ist wegen Satz 5 des § 2 von Mg und wegen Satz 1 nur zu zeigen:

wenn $\mathfrak{U}$ *und* $\mathfrak{M}$ *von der singulären Mischgruppe verschieden sind, so gibt es zu jeder Klasse* $\mathfrak{K}\mathfrak{a} \neq \mathfrak{K}$ *wenigstens eine kongruente Abbildung von* $\mathfrak{M}$ *auf sich, die zwar* $\mathfrak{K}$, *aber nicht* $\mathfrak{K}\mathfrak{a}$ *invariant läßt.*

Enthält $\mathfrak{K}$ wenigstens ein Element $\mathfrak{k} \neq 1$, so leistet die durch $\mathfrak{a} \rightarrow \mathfrak{k}\,\mathfrak{a}$ bestimmte ähnliche Abbildung von $\mathfrak{K}\mathfrak{a}$ auf sich — die übrigen Klassen bleiben invariant — das Verlangte.

Besteht aber der Kern nur aus der Identität, so muß $\mathfrak{U}$ wenigstens zwei von der Identität verschiedene Elemente enthalten, deren Permutation möglich ist; analog für die von $\mathfrak{U}$ verschiedenen Klassen nach $\mathfrak{U}$.

Aus Satz 1 und Satz 3 folgt der

Zusatz: *Dann und nur dann gibt es wenigstens eine realisierbare Zerlegung von* $\mathfrak{M}$ *nach* $\mathfrak{U}$, *wenn*

1. $\mathfrak{U}$ *und* $\mathfrak{M}$ *von der singulären Mischgruppe verschieden sind, und*

2 a. wenn die Zahl m *der Klassen von* $\mathfrak{M}$ *nach* $\mathfrak{K}$ *endlich ist,* m *ein Vielfaches der Zahl der Klassen von* $\mathfrak{U}$ *nach* $\mathfrak{K}$ *ist, oder*

2 b. wenn die Menge der Klassen von $\mathfrak{M}$ *nach* $\mathfrak{K}$ *unendlich ist, die Mächtigkeit der Menge der Klassen von* $\mathfrak{U}$ *nach* $\mathfrak{K}$ *nicht kleiner ist als die Mächtigkeit der Menge der nicht in* $\mathfrak{U}$ *auftretenden Klassen von* $\mathfrak{M}$ *nach* $\mathfrak{K}$.

§ 5. Die Zerlegungen 2. Art.

In diesem § 5 sei $\mathfrak{U}$ stets eine Untermischgruppe 2. Art von $\mathfrak{M}$; eine Zerlegung von $\mathfrak{M}$ nach $\mathfrak{U}$ hat also wegen Satz 2 des § 3 folgende Eigenschaften:

1. $\mathfrak{U}$ ist eine Klasse dieser Zerlegung,

2. jede Klasse nach $\mathfrak{U}$ inzidiert mit jeder Klasse nach $\mathfrak{K}$ in genau einer Klasse nach $\mathfrak{K} \frown \mathfrak{U}$.

Definition 1: *Zwei Klassen* K_i $(i = 1, 2)$ *von* $\mathfrak{M}$ *nach* $\mathfrak{R}$ *heißen* **ähnlich**, *wenn es wenigstens ein Paar von Elementen* $\mathfrak{a}_i \varepsilon K_i \frown \mathfrak{U}$ *gibt, so daß für alle Klassen* Y_ν *von* $\mathfrak{M}$ *nach* $\mathfrak{U}$ *gilt:*

$$K_i \frown Y_\nu = (\mathfrak{R} \frown \mathfrak{U})\, \mathfrak{k}_\nu\, \mathfrak{a}_i,$$

wo die Klasse $(\mathfrak{R} \frown \mathfrak{U})\, \mathfrak{k}_\nu$ *von* $\mathfrak{R}$ *nach* $\mathfrak{R} \frown \mathfrak{U}$ *nur noch von* Y_ν, *nicht aber von* K_i *abhängt.*

Satz 1: *Es ist möglich, Klassen ähnlicher Klassen von* $\mathfrak{M}$ *nach* $\mathfrak{R}$ *zu bilden.*

Wir haben nur die Transitivität der Ähnlichkeitsbeziehung zu erweisen:

seien also K_1 und K_2, K_2 und K_3 ähnlich, d. h. es gibt ein Paar $\mathfrak{a}_i \varepsilon \mathfrak{U} \frown K_i$ $(i = 1, 2)$ und ein Paar $\bar{\mathfrak{a}}_j \varepsilon \mathfrak{U} \frown K_j$ $(j = 2, 3)$, so daß für alle Y_ν gilt:

$$\begin{aligned} K_1 \frown Y_\nu &= (\mathfrak{R} \frown \mathfrak{U})\, \mathfrak{k}_\nu\, \mathfrak{a}_1, \\ K_2 \frown Y_\nu &= (\mathfrak{R} \frown \mathfrak{U})\, \mathfrak{k}_\nu\, \mathfrak{a}_2, \\ &= (\mathfrak{R} \frown \mathfrak{U})\, \bar{\mathfrak{k}}_\nu\, \bar{\mathfrak{a}}_2, \\ K_3 \frown Y_\nu &= (\mathfrak{R} \frown \mathfrak{U})\, \bar{\mathfrak{k}}_\nu\, \bar{\mathfrak{a}}_3. \end{aligned}$$

Es ist aber $\bar{\mathfrak{a}}_2 = \mathfrak{k}_u \mathfrak{a}_2$ mit $\mathfrak{k}_u \varepsilon \mathfrak{R} \frown \mathfrak{U}$; also ist $(\mathfrak{R} \frown \mathfrak{U})\, \bar{\mathfrak{k}}_\nu = (\mathfrak{R} \frown \mathfrak{U})\, \mathfrak{k}_\nu \mathfrak{k}_u^{-1}$.

Setzen wir $\mathfrak{a}_3 = \mathfrak{k}_u^{-1}\, \bar{\mathfrak{a}}_3$, so ist $\mathfrak{a}_3 \varepsilon K_3 \frown \mathfrak{U}$ und

$$K_3 \frown Y_\nu = (\mathfrak{R} \frown \mathfrak{U})\, \bar{\mathfrak{k}}_\nu\, \bar{\mathfrak{a}}_3 = (\mathfrak{R} \frown \mathfrak{U})\, \mathfrak{k}_\nu\, \mathfrak{k}_u^{-1}\, \bar{\mathfrak{a}}_3 = (\mathfrak{R} \frown \mathfrak{U})\, \mathfrak{k}_\nu\, \mathfrak{a}_3.$$

Satz 2: *Bei kongruenten Abbildungen gehen ähnliche Klassen* [*von* $\mathfrak{M}$ *nach* $\mathfrak{R}$] *wieder in ähnliche über.*

Sei nämlich bei einer kongruenten Abbildung $Y_{\nu'}$ das Bild von Y_ν und $K_{i'}$ das Bild von K_i $(i = 1, 2)$, so folgt aus der Ähnlichkeit dieser Abbildung, daß

$$(\mathfrak{R} \frown \mathfrak{U})\, \mathfrak{k}_\nu\, \mathfrak{a}_i = Y_\nu \frown K_i \text{ in } Y_{\nu'} \frown K_{i'} = (\mathfrak{R} \frown \mathfrak{U})\, \mathfrak{k}_\nu\, \bar{\mathfrak{a}}_i$$

übergeht, wenn $\bar{\mathfrak{a}}_i$ das Bild von $\mathfrak{a}_i$ ist. Sei jetzt $\mathfrak{a}_i \varepsilon \mathfrak{U} \frown K_i = Y_0 \frown K_i$, d. h. K_1 und K_2 sind ähnlich; dann ist:

$$\bar{\mathfrak{a}}_i \;\varepsilon\; Y_{0'} \frown K_{i'}.$$

Sei jetzt Y_{ν_0} so bestimmt, daß bei unserer kongruenten Abbildung Y_{ν_0} in $\mathfrak{U}$ übergeht, d. h.

$$Y_{(\nu_0)'} = Y_0 = \mathfrak{U}.$$

Setzen wir dann: $\mathfrak{a}_{i'} = \mathfrak{k}_{\nu_0}\, \bar{\mathfrak{a}}_i$ und $\mathfrak{k}_\nu\, \mathfrak{k}_{\nu_0}^{-1} = \bar{\mathfrak{k}}_{\nu'}$, so wird:

$$\begin{aligned} \mathfrak{a}_{i'} \,\varepsilon\, (\mathfrak{R} \frown \mathfrak{U})\, \mathfrak{k}_{\nu_0}\, \bar{\mathfrak{a}}_i &\doteq Y_{(\nu_0)'} \frown K_{i'} = \mathfrak{U} \frown K_{i'} \text{ und} \\ K_{i'} \frown Y_{\nu'} &= (\mathfrak{R} \frown \mathfrak{U})\, (\mathfrak{k}_\nu\, \mathfrak{k}_{\nu_0}^{-1})\, (\mathfrak{k}_{\nu_0}\, \bar{\mathfrak{a}}_i) \\ &= (\mathfrak{R} \frown \mathfrak{U})\, \bar{\mathfrak{k}}_{\nu'}\, \mathfrak{a}_{i'}. \end{aligned}$$

Definition 2: *Ist* K *irgendeine Klasse nach* $\mathfrak{R}$, *so ist für jedes* $\mathfrak{a} \varepsilon K \frown \mathfrak{U}$ *die aus den Gleichungen:*

$$(\mathfrak{K} \frown \mathfrak{U})\, \mathfrak{k}_\nu\, \mathfrak{a} = K \frown Y_{\nu(c)},\ \mathfrak{K} \frown Y_{\nu(c)} = (\mathfrak{K} \frown \mathfrak{U})\, \mathfrak{k}_{\nu(c)}$$

bestimmte Zuordnung:

$$c\colon\ (\mathfrak{K} \frown \mathfrak{U})\, \mathfrak{k}_\nu \rightarrow (\mathfrak{K} \frown \mathfrak{U})\, \mathfrak{k}_{\nu(c)}$$

eine für K charakteristische Abbildung von $\| \mathfrak{K} / \mathfrak{K} \frown \mathfrak{U} \|$ *auf sich.*

Definieren wir die Abbildung c^{-1} von $\| \mathfrak{K} / \mathfrak{K} \frown \mathfrak{U} |$ auf sich durch:

$$(\mathfrak{K} \frown \mathfrak{U})\, \mathfrak{k}_{\nu(c)} \rightarrow (\mathfrak{K} \frown \mathfrak{U})\, \mathfrak{k}_\nu \text{ bzw.}$$

$$c^{-1}\colon\ (\mathfrak{K} \frown \mathfrak{U})\, \mathfrak{k}_\nu \rightarrow (\mathfrak{K} \frown \mathfrak{U})\, \mathfrak{k}_{\nu(c^{-1})},$$

so sind:

$$K \frown Y_\nu = (\mathfrak{K} \frown \mathfrak{U})\, \mathfrak{k}_{\nu(c^{-1})}\, \mathfrak{a},\ \mathfrak{K} \frown Y_\nu = (\mathfrak{K} \frown \mathfrak{U})\, \mathfrak{k}_\nu$$

ebenfalls c definierende Gleichungen.

Die charakteristischen Abbildungen sind eineindeutige Abbildungen von $\| \mathfrak{K} / \mathfrak{K} \frown \mathfrak{U} \|$ auf sich, die wir also in üblicher Weise miteinander multiplizieren können:

$$K \frown Y_{[\nu(c_1)]\,(c_2)} = K \frown Y_{\nu(c_1 c_2)}\ ^{1)}$$

Satz 3: *Für zwei Klassen von* $\mathfrak{M}$ *nach* $\mathfrak{K}$ *sind dann und nur dann dieselben Abbildungen von* $\| \mathfrak{K} / \mathfrak{K} \frown \mathfrak{U} \|$ *auf sich charakteristisch, wenn diese Klassen ähnlich sind.*

A. Ist für K_i ($i = 1, 2$) die gleiche Abbildung c charakteristisch, dann ist $K_i \frown Y_\nu = (\mathfrak{K} \frown \mathfrak{U})\, \mathfrak{k}_{\nu(c^{-1})}\, \mathfrak{a}_i$ mit $\mathfrak{a}_i \varepsilon K_i \frown \mathfrak{U}$, d. h. K_1 und K_2 sind ähnlich.

B. Sind umgekehrt K_1 und K_2 ähnlich und ist etwa:

$$K_i \frown Y_\nu = (\mathfrak{K} \frown \mathfrak{U})\, \mathfrak{k}_{\nu(c^{-1})}\, \mathfrak{a}_i \text{ mit } \mathfrak{a}_i \varepsilon K_i \frown \mathfrak{U},$$

so ist die gleiche Abbildung c für K_1 und K_2 charakteristisch.

(Ersetzen wir etwa $\mathfrak{a}_i$ durch $\mathfrak{k}_u\, \mathfrak{a}_i$ mit $\mathfrak{k}_u \varepsilon \mathfrak{K} \frown \mathfrak{U}$, so wird

$$K_i \frown Y_\nu = (\mathfrak{K} \frown \mathfrak{U})\, (\mathfrak{k}_{\nu(c^{-1})}\, \mathfrak{k}_u^{-1})\, (\mathfrak{k}_u\, \mathfrak{a}_i)$$

wieder für K_1 und K_2 dieselbe, wenn auch i. a. von c verschiedene, charakteristische Abbildung von $\| \mathfrak{K} / \mathfrak{K} \frown \mathfrak{U} \|$ auf sich definieren.)

Wir sind also zu sagen berechtigt:

die Abbildung c *von* $\| \mathfrak{K} / \mathfrak{K} \frown \mathfrak{U} \|$ *auf sich ist für eine ganze Klasse ähnlicher Klassen nach* $\mathfrak{K}$ *charakteristisch.*

Satz 4: *Zwei charakteristische Abbildungen* c_i ($i = 1, 2$) *von* $\| \mathfrak{K} / \mathfrak{K} \frown \mathfrak{U} \|$ *auf sich sind dann und nur dann für die gleiche Klasse ähnlicher Klassen nach* $\mathfrak{K}$ *charakteristisch, wenn*

$$c_1 = k\, c_2$$

ist, wo k *eine für* $\mathfrak{K}$ *charakteristische Abbildung ist.*

---

1) Sei $a\colon\ (\mathfrak{K} \frown \mathfrak{U})\, \mathfrak{k}_\nu \rightarrow (\mathfrak{K} \frown \mathfrak{U})\, \mathfrak{k}_{\nu(a)}$

und $b\colon\ (\mathfrak{K} \frown \mathfrak{U})\, \mathfrak{k}_\nu \rightarrow (\mathfrak{K} \frown \mathfrak{U})\, \mathfrak{k}_{\nu(b)}$;

dann führt b auch $(\mathfrak{K} \frown \mathfrak{U})\, \mathfrak{k}_{\nu(a)}$ in $(\mathfrak{K} \frown \mathfrak{U})\, \mathfrak{k}_{[\nu(a)](b)}$ über; also ist:

$$(\mathfrak{K} \frown \mathfrak{U})\, \mathfrak{k}_{[\nu(a)](b)} = (\mathfrak{K} \frown \mathfrak{U})\, \mathfrak{k}_{\nu(ab)}.$$

Wendet man die Definition der charakteristischen Abbildung auf $\mathfrak{K}$ selbst an, so ergibt sich für jedes $\mathfrak{k} \varepsilon \mathfrak{K} \frown \mathfrak{U}$ eine charakteristische Abbildung:

$$\mathrm{k}: (\mathfrak{K} \frown \mathfrak{U})\, \mathfrak{k}_\nu = \mathfrak{K} \frown Y_\nu \rightarrow (\mathfrak{K} \frown \mathfrak{U})\, \mathfrak{k}_\nu\, \mathfrak{k} = (\mathfrak{K} \frown \mathfrak{U})\, \mathfrak{k}_{\nu(\mathrm{k})} = \mathfrak{K} \frown Y_{\nu(\mathrm{k})}$$

A. Seien c_1 und c_2 für die gleiche Klasse K nach $\mathfrak{K}$ charakteristisch; dann ist:

$$\left.\begin{aligned} K \frown Y_\nu &= (\mathfrak{K} \frown \mathfrak{U})\ \mathfrak{k}_{\nu(\mathrm{c}_1^{-1})}\ \mathfrak{a}_1 \\ &= (\mathfrak{K} \frown \mathfrak{U})\ \mathfrak{k}_{\nu(\mathrm{c}_2^{-1})}\ \mathfrak{a}_2 \end{aligned}\right\} \text{ mit } \mathfrak{a}_\mathrm{i}\ \varepsilon\ K \frown \mathfrak{U}\ (\mathrm{i} = 1, 2).$$

Daraus folgt:

$$\mathfrak{a}_2 = \mathfrak{k}^{-1}\, \mathfrak{a}_1 \text{ mit } \mathfrak{k}\ \varepsilon\ \mathfrak{K} \frown \mathfrak{U};$$

also:

$$(\mathfrak{K} \frown \mathfrak{U})\ \mathfrak{k}_{\nu(\mathrm{c}_1^{-1})}\ \mathfrak{a}_1 = (\mathfrak{K} \frown \mathfrak{U})\ \mathfrak{k}_{\nu(\mathrm{c}_2^{-1})}\ \mathfrak{k}^{-1}\ \mathfrak{a}_1, \text{ d. h.}$$

$$(\mathfrak{K} \frown \mathfrak{U})\, \mathfrak{k}_{\nu(\mathrm{c}_1^{-1})} = (\mathfrak{K} \frown \mathfrak{U})\, \mathfrak{k}_{\nu(\mathrm{c}_2^{-1})}\, \mathfrak{k}^{-1} = (\mathfrak{K} \frown \mathfrak{U})\, \mathfrak{k}_{[\nu(\mathrm{c}_2^{-1})](\mathrm{k}^{-1})} = (\mathfrak{K} \frown \mathfrak{U})\, \mathfrak{k}_{\nu(\mathrm{c}_2^{-1}\mathrm{k}^{-1})}$$

d. h. $\mathrm{c}_1^{-1} = \mathrm{c}_2^{-1}\ \mathrm{k}^{-1}$ oder $\mathrm{c}_1 = \mathrm{k}\ \mathrm{c}_2$.

B. Seien $\mathrm{c}_1 = \mathrm{k}\ \mathrm{c}_2$ und c_2 für K charakteristisch; es ist zu zeigen, daß auch c_1 dies ist.

Es ist
$$\begin{aligned} K \frown Y_\nu &= (\mathfrak{K} \frown \mathfrak{U})\ \mathfrak{k}_{\nu(\mathrm{c}_2^{-1})}\ \mathfrak{a}_2 = (\mathfrak{K} \frown \mathfrak{U})\ (\mathfrak{k}_{\nu(\mathrm{c}_2^{-1})}\ \mathfrak{k}^{-1})\ (\mathfrak{k}\ \mathfrak{a}_2) \\ &= (\mathfrak{K} \frown \mathfrak{U})\ \mathfrak{k}_{[\nu(\mathrm{c}_2^{-1})](\mathrm{k}^{-1})}\ \mathfrak{a}_1 \text{ für } \mathfrak{a}_1 = \mathfrak{k}\ \mathfrak{a}_2 \\ &= (\mathfrak{K} \frown \mathfrak{U})\ \mathfrak{k}_{\nu(\mathrm{c}_1^{-1})}\ \mathfrak{a}_1 \text{ wegen } \mathrm{c}_1^{-1} = \mathrm{c}_2^{-1}\ \mathrm{k}^{-1}. \end{aligned}$$

Es folgt hieraus sogar der

Zusatz: *Das System* C *aller charakteristischen Abbildungen von* $\| \mathfrak{K} / \mathfrak{K} \frown \mathfrak{U} \|$ *auf sich enthält mit einem Element* c *auch alle Elemente* kc, *wenn* k *die Gesamtheit* A *der für* $\mathfrak{K}$ *charakteristischen, — d. s. die durch Elemente aus* $\mathfrak{K} \frown \mathfrak{U}$ *gemäß Hilfssatz (1 a) beim Beweis von Satz 6 des § 2 von Mg induzierten ähnlichen — Abbildungen von* $\| \mathfrak{K} / \mathfrak{K} \frown \mathfrak{U} \|$ *auf sich durchläuft.*

Es gibt also eine Zerlegung $\| \mathrm{C} / \mathrm{K} \|$ *von* C *in Klassen nach* A:

$$\mathrm{C} = \mathrm{A} + \mathrm{A}\ \mathrm{c}_1 + \cdots + \mathrm{A}\ \mathrm{c}_\nu + \cdots.$$

Hierbei hängt A *nur von* $\mathfrak{K}$ *und* $\mathfrak{K} \frown \mathfrak{U}$ *ab und ist stets eine Gruppe.*[1])

Satz 5: *Es liegen zwei Zerlegungen von* $\mathfrak{M}$ *nach* $\mathfrak{U}$ *in die Klassen* $Y_\nu^{(\mathrm{i})}$ (i = *1, 2*) *mit den charakteristischen Systemen* $\mathrm{C}^{(\mathrm{i})}$ *vor.*

Dann und nur dann sind die beiden Zerlegungen isomorph, wenn

1. $\mathrm{C}^{(1)} = \mathrm{i}^{-1}\ \mathrm{C}^{(2)}\ \mathrm{i}$

ist, wo i ein Isomorphismus von $\| \mathfrak{K} / \mathfrak{K} \frown \mathfrak{U} \|$ *ist, der durch einen Isomorphismus von* $\mathfrak{K}$ *induziert wird*[2]), *und wenn*

2. die zur Klasse Ac *von* C *nach* A *gehörige Klasse ähnlicher Klassen der ersten Zerlegung gleichmächtig der zur Klasse*

$$\mathrm{i}^{-1}\ \mathrm{A}\ \mathrm{c}\ \mathrm{i} = \mathrm{A}\ (\mathrm{i}^{-1}\ \mathrm{c}\ \mathrm{i})$$

zugehörigen Klasse ähnlicher Klassen der zweiten Zerlegung ist.

---

[1]) Vgl. Definition 2a auf S. 22.

[2]) Bei dem also die Elemente von $\mathfrak{K} \frown \mathfrak{U}$ fest bleiben.

A. Es liege ein Isomorphismus a von $\mathfrak{M}$ auf sich vor, der eine isomorphe Zuordnung der Zerlegungen bewirke. Es seien die Bezeichnungen so gewählt, daß bei a die Klasse $Y_\nu^{(1)}$ der ersten Zerlegung in die Klasse $Y_\nu^{(2)}$ der zweiten übergehe.

Weiter induziere a den Isomorphismus i von $\| \mathfrak{K} / \mathfrak{K} \frown \mathfrak{U} \|$

$$\mathrm{i}\colon (\mathfrak{K} \frown \mathfrak{U})\ \mathfrak{k}_\nu \rightarrow (\mathfrak{K} \frown \mathfrak{U})\ \mathfrak{k}_{\nu(\mathrm{i})}$$

und a führe die Klasse K_c von $\mathfrak{M}$ nach $\mathfrak{K}$ in die Klasse $K_{\mathrm{c(a)}}$ über.

Es ist $\mathfrak{K} \frown Y_\nu^{(1)} = (\mathfrak{K} \frown \mathfrak{U})\,\mathfrak{k}_\nu$ und $\mathfrak{K} \frown Y_\nu^{(2)} = (\mathfrak{K} \frown \mathfrak{U})\,\mathfrak{k}_{\nu(\mathrm{i})}$. Ist weiter für K_c die Abbildung

$$\mathrm{c}\colon (\mathfrak{K} \frown \mathfrak{U})\ \mathfrak{k}_\nu \rightarrow (\mathfrak{K} \frown \mathfrak{U})\ \mathfrak{k}_{\nu(\mathrm{c})}$$

der ersten Zerlegung charakteristisch, für $K_{\mathrm{c(a)}}$ die Abbildung

$$\mathrm{c(a)}\colon (\mathfrak{K} \frown \mathfrak{U})\ \mathfrak{k}_\nu \rightarrow (\mathfrak{K} \frown \mathfrak{U})\ \mathfrak{k}_{\nu(\mathrm{c(a)})}$$

der zweiten Zerlegung charakteristisch, so ist:

$$K_\mathrm{c} \frown Y_\nu^{(1)} = (\mathfrak{K} \frown \mathfrak{U})\ \mathfrak{k}_{\nu(\mathrm{c}^{-1})}\ \mathfrak{a}_\mathrm{c} \text{ und}$$

$$K_{\mathrm{c(a)}} \frown Y_\nu^{(2)} = (\mathfrak{K} \frown \mathfrak{U})\ \mathfrak{k}_{[\nu(\mathrm{i})][\{\mathrm{c(a)}\}^{-1}]}\ \bar{\mathfrak{a}}_{\mathrm{c(a)}}$$

$$= (\mathfrak{K} \frown \mathfrak{U})\ \mathfrak{k}_{\nu(\mathrm{i}[\mathrm{c(a)}]^{-1})}\ \bar{\mathfrak{a}}_{\mathrm{c(a)}}$$

Hierbei sei c(a) so ausgewählt, daß bei a auch $\bar{\mathfrak{a}}_\mathrm{c}$ in $\mathfrak{a}_{\mathrm{c(a)}}$ übergeht (bei a geht ja $\mathfrak{U}$ in sich über). Dann geht bei dem Isomorphismus a von $\mathfrak{M}$ auf sich

$$K_\mathrm{c} \frown Y_\nu^{(1)} = (\mathfrak{K} \frown \mathfrak{U})\ \mathfrak{k}_{\nu(\mathrm{c}^{-1})}\ \mathfrak{a}_\mathrm{c} \text{ in}$$

$$K_{\mathrm{c(a)}} \frown Y_\nu^{(2)} = (\mathfrak{K} \frown \mathfrak{U})\ \mathfrak{k}_{[\nu(\mathrm{c}^{-1})](\mathrm{i})}\ \mathfrak{a}_{\mathrm{c(a)}} = (\mathfrak{K} \frown \mathfrak{U})\ \mathfrak{k}_{\nu(\mathrm{c}^{-1}\mathrm{i})}\ \bar{\mathfrak{a}}_{\mathrm{c(a)}}$$

über; also ist:

$$(\mathfrak{K} \frown \mathfrak{U})\ \mathfrak{k}_{\nu(\mathrm{c}^{-1}\mathrm{i})} = (\mathfrak{K} \frown \mathfrak{U})\ \mathfrak{k}_{\nu(\mathrm{i}\mathrm{c(a)}^{-1})} \text{ und } \mathrm{c}^{-1}\ \mathrm{i} = \mathrm{i}\ \mathrm{c}^{-1}(\mathrm{a}) \text{ oder}$$

$$\mathrm{c(a)} = \mathrm{i}^{-1}\ \mathrm{c}\ \mathrm{i}.$$

Da also die Gesamtheit der Klassen nach $\mathfrak{K}$, für die in der ersten Zerlegung c charakteristisch ist, durch a in die Menge der Klassen übergeführt ist, für die $\mathrm{i}^{-1}\mathrm{c}\,\mathrm{i}$ in der zweiten Zerlegung charakteristisch ist, so folgt auch die Notwendigkeit der Bedingung 2.

Daß $\mathrm{A} = \mathrm{i}^{-1}\ \mathrm{A}\ \mathrm{i}$ ist, folgt schließlich daraus, daß bei i die Klasse $\mathfrak{K} \frown \mathfrak{U}$ in sich übergeht, deren Elemente gerade A induzieren.

B. Ist K_c eine Klasse ähnlicher Klassen der ersten Zerlegung, für die die Abbildung c von $\| \mathfrak{K} / \mathfrak{K} \frown \mathfrak{U} \|$ charakteristisch ist, so wird K_c durch Bedingung 1 die Klasse $\mathrm{K}_{\mathrm{i}^{-1}\mathrm{c}\,\mathrm{i}}$ zugeordnet, für die $\mathrm{i}^{-1}\ \mathrm{c}\ \mathrm{i}$ charakteristisch ist. Durch die Bedingung 2 wird den einzelnen Klassen $K_{\mathrm{c},\mu}$, die zu K_c gehören, eineindeutig die Klasse $K_{\mathrm{i}^{-1}\mathrm{c}\,\mathrm{i},\,\mu}$ aus $\mathrm{K}_{\mathrm{i}^{-1}\mathrm{c}\,\mathrm{i}}$ zugeordnet, speziell $\mathfrak{K}$ sich selbst.

Sei jetzt $\bar{\mathrm{a}}$ ein Isomorphismus von $\mathfrak{K}$, der in $\| \mathfrak{K} / \mathfrak{K} \frown \mathfrak{U} \|$ gerade i induziert; wir haben $\bar{\mathrm{a}}$ geeignet zu erweitern.

Führe $\bar{a}$ das Element $\mathfrak{k} \varepsilon \mathfrak{K}$ in $\mathfrak{k}' \varepsilon \mathfrak{K}$ und

$$(\mathfrak{K} \frown \mathfrak{U})\, \mathfrak{k}_\nu = \mathfrak{K} \frown Y_\nu^{(1)} \text{ in } (\mathfrak{K} \frown \mathfrak{U})\, \mathfrak{k}_{\nu(\mathfrak{i})} = \mathfrak{K} \frown Y_\nu^{(2)}$$

— bei geeigneter Bezeichnung — über.

Wir definieren:

$$a \colon \mathfrak{k}\, \mathfrak{a}_{\mathfrak{c},\mu} \to \mathfrak{k}'\, \bar{\mathfrak{a}}_{\mathfrak{i}^{-1}\mathfrak{c}\,\mathfrak{i},\mu},$$

wo $\mathfrak{a}_{\mathfrak{c},\mu}$ und $\bar{\mathfrak{a}}_{\mathfrak{i}^{-1}\mathfrak{c}\,\mathfrak{i},\mu}$ so bestimmt sind, daß

1. $\mathfrak{a}_{\mathfrak{c},\mu} \varepsilon K_{\mathfrak{c},\mu} \frown \mathfrak{U}$, $\bar{\mathfrak{a}}_{\mathfrak{i}^{-1}\mathfrak{c}\,\mathfrak{i},\mu} \varepsilon K_{\mathfrak{i}^{-1}\mathfrak{c}\,\mathfrak{i},\mu} \frown \mathfrak{U}$ und
2. $K_{\mathfrak{c},\mu} \frown Y_\nu^{(1)} = (\mathfrak{K} \frown \mathfrak{U})\, \mathfrak{k}_{\nu(\mathfrak{c}^{-1})}\, \mathfrak{a}_{\mathfrak{c},\mu}$
   $K_{\mathfrak{i}^{-1}\mathfrak{c}\,\mathfrak{i},\mu} \frown Y_\nu^{(2)} = (\mathfrak{K} \frown \mathfrak{U})\, \mathfrak{k}_{[\nu(\mathfrak{i})](\mathfrak{i}^{-1}\mathfrak{c}^{-1}\mathfrak{i})}\, \bar{\mathfrak{a}}_{\mathfrak{i}^{-1}\mathfrak{c}\,\mathfrak{i},\mu}$ ist.

Aus Satz 4 des § 1 von Mg folgt zunächst, daß a ein Isomorphismus ist; daß bei a auch $\mathfrak{U}$ in sich übergeht, folgt daraus, daß $\mathfrak{K} \frown \mathfrak{U}$ bei $\bar{a}$ in sich übergeht, und aus der Auswahl der $\mathfrak{a}$. Es bleibt zu zeigen, daß bei a gerade $Y_\nu^{(1)}$ in $Y_\nu^{(2)}$ übergeht.

Bei a geht aber $K_{\mathfrak{c},\mu} \frown Y_\nu^{(1)} = (\mathfrak{K} \frown \mathfrak{U})\, \mathfrak{k}_{\nu(\mathfrak{c}^{-1})}\, \mathfrak{a}_{\mathfrak{c},\mu}$ in

$$(\mathfrak{K} \frown \mathfrak{U})\, \mathfrak{k}_{\nu(\mathfrak{c}^{-1}\mathfrak{i})}\, \mathfrak{a}_{\mathfrak{i}^{-1}\mathfrak{c}\,\mathfrak{i},\mu} = (\mathfrak{K} \frown \mathfrak{U})\, \mathfrak{k}_{[\nu(\mathfrak{i})](\mathfrak{i}^{-1}\mathfrak{c}^{-1}\mathfrak{i})}\, \bar{\mathfrak{a}}_{\mathfrak{i}^{-1}\mathfrak{c}\,\mathfrak{i},\mu}$$
$$= K_{\mathfrak{i}^{-1}\mathfrak{c}\,\mathfrak{i},\mu} \frown Y_\nu^{(2)} \text{ über.}$$

Satz 6: *Die Gruppe* U* *aller kongruenten Abbildungen von* $\mathfrak{M}$ *auf sich, bei denen* $\mathfrak{U}$ *in sich übergeht, ist dann und nur dann hinsichtlich* $\mathfrak{U}$ *transitiv, wenn*

1. das System C *der charakteristischen Abbildungen von* $\| \mathfrak{K} / \mathfrak{K} \frown \mathfrak{U} \|$ *auf sich eine Gruppe bildet,*

2. die Klassen ähnlicher Klassen nach $\mathfrak{K}$ *alle gleichmächtig sind.*

A. Ist u ε U* beliebig und führt Y_ν in $Y_{\nu(\mathfrak{u})}$ über, so induziert u auch eine Abbildung von $\| \mathfrak{K} / \mathfrak{K} \frown \mathfrak{U} \|$:

$$\mathfrak{K} \frown Y_\nu = (\mathfrak{K} \frown \mathfrak{U})\, \mathfrak{k}_\nu \to \mathfrak{K} \frown Y_{\nu(\mathfrak{u})} = (\mathfrak{K} \frown \mathfrak{U})\, \mathfrak{k}_{\nu(\mathfrak{u})},$$

wenn Y_ν bei u in $Y_{\nu(\mathfrak{u})}$ übergeht.

(1) Diese Abbildung ist charakteristisch für die Klasse $K_\mathfrak{u}$ *nach* $\mathfrak{K}$, *in die* $\mathfrak{K}$ *durch* u *übergeführt wird.*

Führe nämlich u die Identität von $\mathfrak{M}$ in das Element $\mathfrak{a}_\mathfrak{u} \varepsilon K_\mathfrak{u} \frown \mathfrak{U}$ über; dann geht bei u auch

$$\mathfrak{K} \frown Y_\nu = (\mathfrak{K} \frown \mathfrak{U})\, \mathfrak{k}_\nu \text{ in } (\mathfrak{K} \frown \mathfrak{U})\, \mathfrak{k}_\nu\, \mathfrak{a}_\mathfrak{u} = K_\mathfrak{u} \frown Y_{\nu(\mathfrak{u})}$$

über, da ja $K_\mathfrak{u}$ das Bild von $\mathfrak{K}$, $Y_{\nu(\mathfrak{u})}$ das von Y_ν ist. (1) folgt jetzt aus der Definition der charakteristischen Abbildung von $K_\mathfrak{u}$.

(2) Die Untergruppe J* *von* U*, *bei der jede Klasse nach* $\mathfrak{U}$ *in sich übergeht, ist ein Normalteiler von* U*.

Sei u ε U* und i ε J* beliebig; bei u gehe Y_ν in $Y_{\nu(\mathfrak{u})}$, also $Y_{\nu(\mathfrak{u})}$ bei $\mathfrak{u}^{-1}$ in Y_ν über, während $Y_{\nu(\mathfrak{u})}$ bei i in sich übergeht; also geht bei u i $\mathfrak{u}^{-1}$ jede Klasse nach $\mathfrak{U}$ in sich über, d. h. u i $\mathfrak{u}^{-1}$ ε J*.

(3) Zwei Elementen aus U^* *wird durch* (1) *dann und nur dann die gleiche charakteristische Abbildung von* $\| \mathfrak{K} / \mathfrak{K} \frown \mathfrak{U} \|$ *auf sich zugeordnet, wenn sie zur gleichen Klasse von* U^* / J^* *gehören.*

Denn dann und nur dann bewirken die beiden Elemente die gleiche Abbildung der Y_ν.

(4) Wenn U^* *hinsichtlich* $\mathfrak{U}$ *transitiv ist, bewirkt (1) eine isomorphe Zuordnung von* C *und* U^*/J^*.

Da durch (1), (2) U^*/J^* als Gruppe charakteristischer Abbildungen von $\| \mathfrak{K} / \mathfrak{K} \frown \mathfrak{U} \|$ auf sich interpretiert ist, ist nur zu zeigen, daß jeder Abbildung aus C gewisse aus U^* durch (1) zugeordnet sind; das folgt aber aus der Transitivität von U^* gegenüber $\mathfrak{U}$, die erlaubt, $\mathfrak{K}$ durch Elemente aus U^* in beliebige Klassen nach $\mathfrak{K}$ überzuführen, da $\mathfrak{U}$ ja 2. Art in $\mathfrak{M}$ ist. Aus (4) folgt die Notwendigkeit der Bedingung 1. Es folgt noch:

(5) Ist Λ^* *die Untergruppe von* U^*, *bei der* $\mathfrak{K}$ *in ähnliche Klassen übergeht, so ordnet (1) bzw. (4) der Untergruppe* Λ^*/J^* *von* U^*/J^* *die Untergruppe* A *von* C *zu.*

Die Notwendigkeit der Bedingung 2. folgt aus Satz 2.

B. Sei $\mathfrak{u} \varepsilon K \frown \mathfrak{U}$ beliebig und sei:

$$(\mathfrak{K} \frown \mathfrak{U})\ \mathfrak{k}_\nu\ \mathfrak{u} = K \frown Y_{\nu(c)}$$

sowie

$$c: (\mathfrak{K} \frown \mathfrak{U})\ \mathfrak{k}_\nu \rightarrow (\mathfrak{K} \frown \mathfrak{U})\ \mathfrak{k}_{\nu(c)}$$

die hierdurch definierte, für K charakteristische Abbildung. Sei

$$x: (\mathfrak{K} \frown \mathfrak{U})\ \mathfrak{k}_\nu \rightarrow (\mathfrak{K} \frown \mathfrak{U})\ \mathfrak{k}_{\nu(x)}$$

ein beliebiges Element aus C; wegen Bedingung 1 enthält C dann auch:

$$xc: (\mathfrak{K} \frown \mathfrak{U})\ \mathfrak{k}_\nu \rightarrow (\mathfrak{K} \frown \mathfrak{U})\ \mathfrak{k}_{[\nu(x)](c)} = (\mathfrak{K} \frown \mathfrak{U})\ \mathfrak{k}_{\nu(xc)}$$

Die Zuordnung: $x \rightarrow xc$ bewirkt eine ähnliche, also eineindeutige Abbildung von C und von $\| C / A \|$ auf sich[1]). Durch sie wird der Klasse K_{Ax} ähnlicher Klassen nach $\mathfrak{K}$ die Klasse K_{Axc} ähnlicher Klassen nach $\mathfrak{K}$ zugeordnet. Wegen Bedingung 2 können wir diese Zuordnung zu einer eineindeutigen Zuordnung der Klassen $K_{x,\mu}$ aus K_{Ax} zu jeder Klasse $K_{xc,\mu}$ aus K_{Axc} erweitern; speziell soll $K = K_{c,0}$ dem $\mathfrak{K} = K_{1,0}$ zugeordnet sein.

Sei $\mathfrak{a}_{x,\mu}\ \varepsilon\ K_{x,\mu} \frown \mathfrak{U}$ derart, daß $K_{x,\mu} \frown Y_\nu = (\mathfrak{K} \frown \mathfrak{U})\ \mathfrak{k}_{\nu(x^{-1})}\ \mathfrak{a}_{x,\mu}$ ist; speziell $\mathfrak{a}_{1,0} = 1$ und $\mathfrak{a}_{c,0} = \mathfrak{u}$.

Gemäß Zusatz 3 des Satz 1 des § 2 von Mg definieren wir jetzt eine ähnliche Abbildung $\mathfrak{u}$ von $\mathfrak{M}$ auf sich durch die Angabe:

$$\mathfrak{a}_{x,\mu} \rightarrow \mathfrak{a}_{xc,\mu}.$$

---

1) Dies folgt ebenfalls aus Bedingung 1. Vgl. Mg S. 10 Anm. 1) und S. 13 Hilfssatz (2).

Bei u geht offenbar die Identität von $\mathfrak{M}$ in u über, weiter $\mathfrak{U}$ in sich; es ist zu zeigen, daß Y_ν in $Y_{\nu(c)}$ übergeht.

Es geht $K_{x,\mu} \frown Y_\nu = (\mathfrak{K} \frown \mathfrak{U})\, \mathfrak{k}_{\nu(x^{-1})}\, \mathfrak{a}_{x,\mu}$ aber bei u in

$$(\mathfrak{K} \frown \mathfrak{U})\, \mathfrak{k}_{\nu(x^{-1})}\, \mathfrak{a}_{xc,\mu} = (\mathfrak{K} \frown \mathfrak{U})\, \mathfrak{k}_{[\nu(c)](c^{-1}x^{-1})}\, \mathfrak{a}_{xc,\mu}$$
$$= (\mathfrak{K} \frown \mathfrak{U})\, \mathfrak{k}_{[\nu(c)][(xc)^{-1}]}\, \mathfrak{a}_{xc,\mu} = K_{xc,\mu} \frown Y_{\nu(c)} \text{ über.}$$

Definition 2a: *Die Gruppe* C = U* / J* *heißt die für die Zerlegung von* $\mathfrak{M}$ *nach* $\mathfrak{U}$ *charakteristische Gruppe; die Klassen von* C *nach* A *sind für die Klassen ähnlicher Klassen charakteristisch.*[1])

Satz 7: *Die Gruppe* K* *aller kongruenten Abbildungen von* $\mathfrak{M}$ *auf sich, bei denen* $\mathfrak{K}$ *in sich übergeht, ist dann und nur dann rücksichtlich* $\mathfrak{K}$ *transitiv, wenn*

1. aus $c \in C$ *und* $\mathfrak{k} \in \mathfrak{K}$ *auch stets*

$$c(\mathfrak{k}) = k(c^{-1})ck \in C$$

folgt, wo k, *wie üblich, die durch:*

$$(\mathfrak{K} \frown \mathfrak{U})\, \mathfrak{k}_\nu \to (\mathfrak{K} \frown \mathfrak{U})\, \mathfrak{k}_\nu\, \mathfrak{k} = (\mathfrak{K} \frown \mathfrak{U})\, \mathfrak{k}_{\nu(k)}$$

und $k(c^{-1})$ *die durch*

$$(\mathfrak{K} \frown \mathfrak{U})\, \mathfrak{k}_\nu \to (\mathfrak{K} \frown \mathfrak{U})\, \mathfrak{k}_\nu\, \mathfrak{k}(c^{-1})$$

mit $\mathfrak{k}(c^{-1}) = \mathfrak{k}_{0(k^{-1}c^{-1})}$ *und* $\mathfrak{k}_{0(k^{-1})} = \mathfrak{k}^{-1}$ *definierte Abbildung von* $\|\mathfrak{K}/\mathfrak{K} \frown \mathfrak{U}\|$ *ist,*

2. die Klasse ähnlicher Klassen, für die Ac *charakteristisch ist, gleichmächtig der Klasse ähnlicher Klassen ist, für die* $Ac(\mathfrak{k})$ *charakteristisch ist.*

A. Es gebe eine kongruente Abbildung a von $\mathfrak{M}$ auf sich, bei der $\mathfrak{K}$ in sich und die Identität in $\mathfrak{k} \in \mathfrak{K}$ übergehe. Dann induziert a in $\|\mathfrak{K} / \mathfrak{K} \frown \mathfrak{U}\|$ die Abbildung k der Bedingung 1.

Sei K_c eine Klasse nach $\mathfrak{K}$, für die die Abbildung c von $\|\mathfrak{K} / \mathfrak{K} \frown \mathfrak{U}\|$ auf sich charakteristisch ist. Dann ist also:

$$K_c \frown Y_\nu = (\mathfrak{K} \frown \mathfrak{U})\, \mathfrak{k}_{\nu(c^{-1})}\, \mathfrak{a}_c \text{ mit } \mathfrak{a}_c \in K_c \frown \mathfrak{U}$$

Bei a gehe $\mathfrak{a}_c$ in $\bar{\mathfrak{a}}_{c(\mathfrak{k})} \in K_{c(\mathfrak{k})}$ und also:

$$K_c \frown Y_\nu \text{ in } (\mathfrak{K} \frown \mathfrak{U})\, \mathfrak{k}_{\nu(c^{-1})}\, \bar{\mathfrak{a}}_{c(\mathfrak{k})}$$

über. Notwendig ist dies

$$= K_{c(\mathfrak{k})} \frown Y_{\nu(k)}$$

Es ist also $\bar{\mathfrak{a}}_{c(\mathfrak{k})} \in K_{c(\mathfrak{k})} \frown Y_{0(k)}$, wenn $Y_0 = \mathfrak{U}$ ist.

Sei $\mathfrak{a}_{c(\mathfrak{k})} = \mathfrak{k}_{0(k^{-1}c^{-1})}\, \bar{\mathfrak{a}}_{c(\mathfrak{k})} = \mathfrak{k}_{0[(ck)^{-1}]}\, \bar{\mathfrak{a}}_{c(\mathfrak{k})}$; dann ist:

$$\mathfrak{a}_{c(\mathfrak{k})} \in (\mathfrak{K} \frown \mathfrak{U})\, \mathfrak{k}_{0(k^{-1}c^{-1})}\, \bar{\mathfrak{a}}_{c(\mathfrak{k})} = K_{c(\mathfrak{k})} \frown Y_{[0(k^{-1})](k)}$$
$$= K_{c(\mathfrak{k})} \frown \mathfrak{U} \text{ wegen } Y_0 = \mathfrak{U}$$

und allgemein:

---

[1]) Vgl. Satz 3, Satz 4 und Zusatz zu Satz 4, aus denen die Berechtigung dieser letzten Aussage folgt.

$$K_{c(\mathfrak{t})} \cap Y_{\nu(k)} = (\mathfrak{K} \cap \mathfrak{U})\, \mathfrak{t}_{\nu(c^{-1})}\, \mathfrak{t}^{-1}_{0[(ck)^{-1}]}\, \mathfrak{a}_{c(\mathfrak{t})}$$
$$= (\mathfrak{K} \cap \mathfrak{U})\, \mathfrak{t}_{\nu(c^{-1})}\, \mathfrak{t}^{-1}(c^{-1})\, \mathfrak{a}_{c(\mathfrak{t})}$$
$$= (\mathfrak{K} \cap \mathfrak{U})\, \mathfrak{t}_{\nu(c^{-1}k^{-1}(c^{-1}))}\, \mathfrak{a}_{c(\mathfrak{t})}, \text{ andererseits:}$$
$$= (\mathfrak{K} \cap \mathfrak{U})\, \mathfrak{t}_{\nu(k c^{-1}(\mathfrak{t}))}\, \mathfrak{a}_{c(\mathfrak{t})}$$

also ist $k\, c^{-1}(\mathfrak{t}) = c^{-1}\, k^{-1}(c^{-1})$ oder

$$c(\mathfrak{t}) = k(c^{-1})ck$$

ist eine für $K_{\nu(\mathfrak{t})}$ charakteristische Abbildung von $\| \mathfrak{K} / \mathfrak{K} \cap \mathfrak{U} \|$ auf sich.

B. *(1) Dann und nur dann gehören* c_1 *und* c_2 *zur gleichen Klasse von* C *nach* A, *wenn* $c_1(\mathfrak{t}) = c_2(\mathfrak{t})$ *ist.*

Sei nämlich $a \varepsilon K$ durch

$$(\mathfrak{K} \cap \mathfrak{U})\, \mathfrak{t}_\nu \to (\mathfrak{K} \cap \mathfrak{U})\, \mathfrak{t}_\nu\, \mathfrak{t}_a \text{ mit } \mathfrak{t}_a \ \varepsilon\ \mathfrak{K} \cap \mathfrak{U}$$

definiert. Wir wollen $k[(ac)^{-1}]$ gemäß Bedingung 1 bestimmen.

Es ist $\mathfrak{t}[(ac)^{-1}] = \mathfrak{t}_{0[k^{-1}(ac)^{-1}]} = \mathfrak{t}_{0[k^{-1}c^{-1}a^{-1}]} = \mathfrak{t}_{0[k^{-1}c^{-1}](a^{-1})}$
$= \mathfrak{t}(c^{-1})\, \mathfrak{t}_a^{-1}$, d. h. es ist

$k[(ac)^{-1}] = k(c^{-1})\, a^{-1}$.

Ist jetzt $c_1 = a\, c_2$, so ist

$$c_1(\mathfrak{t}) = k\,(c_1^{-1})\, c_1\, k = k\,(c_2^{-1}\, a^{-1})\, a\, c_2\, k \text{ nach obigen}$$
$$= k(c_2^{-1})\, c_2\, k = c_2(\mathfrak{t})$$

Die Umkehrung folgt aus der Tatsache, daß $c\, [\mathfrak{t}\, (\mathfrak{t}^{-1})]$ zur gleichen Klasse von C nach A gehören muß wie c (zu $\mathfrak{t}^{-1}$ gehören Abbildungen von $\mathfrak{M}$, die zu denen invers sind, die zu $\mathfrak{t}$ gehören).

(2) Mit c *durchläuft auch* $c(\mathfrak{t})$ *alle Klassen von* C *nach* A *für festes* $\mathfrak{t}$.

Denn die Zuordnung der Bedingung 1: $c \to c\,(\mathfrak{t})$ ordnet der Klasse von $c\,(\mathfrak{t}^{-1})$ die Klasse von c zu.

(3) Für jedes $\mathfrak{t}\ \varepsilon\ \mathfrak{K}$ *bewirkt die Zuordnung:* $c \to c\,(\mathfrak{t})$ *der Bedingung 1 eine eineindeutige Abbildung von* $\| C / A \|$ *auf sich.*

Folgt aus (1) und (2).

Wir können also für festes $\mathfrak{t}\ \varepsilon\ \mathfrak{K}$ jeder Klasse K_c ähnlicher Klassen die Klasse $K_{c(\mathfrak{t})}$ eineindeutig zuordnen; wegen der Bedingung 2 können wir diese Zuordnung auf die Klassen nach $\mathfrak{K}$ aus K_c ausdehnen und der Klasse $K_{c,\mu}$ von K_c die Klasse $K_{c(\mathfrak{t}),\mu}$ aus $K_{c(\mathfrak{t})}$ eineindeutig zuordnen; speziell sei $\mathfrak{K}$ sich selbst zugeordnet.

Sei jetzt $\mathfrak{a}_{c,\mu}\ \varepsilon\ K_{c,\mu} \cap \mathfrak{U}$ derart, daß

$$K_{c,\mu} \cap Y_\nu = (\mathfrak{K} \cap \mathfrak{U})\, \mathfrak{t}_{\nu(c^{-1})}\, \mathfrak{a}_{c,\mu}$$

ist; speziell sei $\mathfrak{a}_{1,0} = 1$, wenn $K_{1,0} = \mathfrak{K}$ ist.

Gemäß Zusatz 3 des Satz 1 des § 2 von Mg definieren wir jetzt eine ähnliche Abbildung a von $\mathfrak{M}$ auf sich durch die Festsetzung:

$$\mathfrak{a}_{c,\mu} \to \mathfrak{t}^{-1}(c^{-1})\, \bar{\mathfrak{a}}_{c(\mathfrak{t}),\mu} = \mathfrak{t}^{-1}_{0(k^{-1}c^{-1})}\, \mathfrak{a}_{c(\mathfrak{t}),\mu}\ ^{1)}$$

---

1) Hierbei ist $\bar{\mathfrak{a}}_{c(\mathfrak{t}),\mu}$ so zu bestimmen, daß
$K_{c(\mathfrak{t}),\mu} \cap Y_{\nu(k)} = (\mathfrak{K} \cap \mathfrak{U})\, \mathfrak{t}_{\nu(k c^{-1}(\mathfrak{t}))}\, \bar{\mathfrak{a}}_{c(\mathfrak{t}),\mu}$ ist.

Hierbei geht $\mathfrak{a}_{1,0} = 1$ in $\mathfrak{k}^{-1}_{0(k^{-1})}\ \bar{\mathfrak{a}}_{1,0} = \mathfrak{k}$ über. Wir haben zu zeigen, daß allgemein bei a die Klasse Y_ν nach $\mathfrak{U}$ in $Y_{\nu(k)}$ übergeht.

Es geht: $K_{c,\mu} \frown Y_\nu = (\mathfrak{K} \frown \mathfrak{U})\ \mathfrak{k}_{\nu(c^{-1})}\ \mathfrak{a}_{c,\mu}$ in
$(\mathfrak{K} \frown \mathfrak{U})\ \mathfrak{k}_{\nu(c^{-1})}\ \mathfrak{k}^{-1}(c^{-1})\ \bar{\mathfrak{a}}_{c(\mathfrak{k}),\mu} = (\mathfrak{K} \frown \mathfrak{U})\ \mathfrak{k}_{\nu(c^{-1}k^{-1}(c^{-1}))}\ \bar{\mathfrak{a}}_{c(\mathfrak{k}),\mu}$ über. Andererseits ist

$$K_{c(\mathfrak{k}),\mu} \frown Y_{\nu(k)} = (\mathfrak{K} \frown \mathfrak{U})\ \mathfrak{k}_{\nu(k\,c^{-1}(\mathfrak{k}))}\ \bar{\mathfrak{a}}_{c(\mathfrak{k}),\mu}$$

Wegen Bedingung 1 ist schließlich:

$$k\ c^{-1}\ (\mathfrak{k}) = c^{-1}\ k^{-1}(c^{-1})$$ also geht bei a

$K_{c,\mu} \frown Y_\nu$ in $K_{c(\mathfrak{k}),\mu} \frown Y_{\nu(k)}$ über, woraus das zu zeigende folgt.

Zusatz: *Sei $\mathfrak{N}$ der größte in $\mathfrak{K} \frown \mathfrak{U}$ enthaltene Normalteiler von $\mathfrak{K}$; dann und nur dann gehört für alle $\mathfrak{k}\ \varepsilon\ \mathfrak{K}$ das gemäß Bedingung 1 des Satz 7 dem* c *zugeordnete* c $(\mathfrak{k})$ *zur gleichen Klasse von* C *nach* A *wie* c *selbst*[1]), *wenn* c *durch einen Isomorphismus von $\mathfrak{K}\,/\,\mathfrak{N}$ auf sich induziert werden kann.*

A. Sei für alle $\mathfrak{k}\ \varepsilon\ \mathfrak{K}$ das nach Bedingung 1 bestimmte $c\ (\mathfrak{k}) = a(\mathfrak{k})\ c$ mit $a(\mathfrak{k})\ \varepsilon$ A. Dann ist:

$$(\mathfrak{K} \frown \mathfrak{U})\ \mathfrak{k}_{\nu[c^{-1}(\mathfrak{k})]} = (\mathfrak{K} \frown \mathfrak{U})\ \mathfrak{k}_{\nu(k^{-1}c^{-1})}\ \mathfrak{k}^{-1}_{0(k^{-1}c^{-1})}$$
$$= (\mathfrak{K} \frown \mathfrak{U})\ \mathfrak{k}_{\nu(c^{-1})}\ \mathfrak{k}_{a^{-1}(\mathfrak{k})}$$

mit $\mathfrak{k}_{a^{-1}(\mathfrak{k})}\ \varepsilon\ \mathfrak{U} \frown \mathfrak{K}$. Also ist:

$$(\mathfrak{K} \frown \mathfrak{U})\ \mathfrak{k}_{\nu[(c\,k)^{-1}]} = (\mathfrak{K} \frown \mathfrak{U})\ \mathfrak{k}_{\nu(c^{-1})}\ \mathfrak{k}_{a^{-1}(\mathfrak{k})}\mathfrak{k}_{0[(c\,k)^{-1}]}$$
$$= (\mathfrak{K} \frown \mathfrak{U})\ \mathfrak{k}_{\nu(c^{-1})}\ \bar{\mathfrak{k}},$$

wo also $\bar{\mathfrak{k}} = \mathfrak{k}_{a^{-1}(\mathfrak{k})}\ \mathfrak{k}_{0[(c\,k)^{-1}]}$ ist.

(1) Dann und nur dann gilt $\mathfrak{k}_1\ \mathfrak{k}_2^{-1}\ \varepsilon\ \mathfrak{N}$, wenn auch $\bar{\mathfrak{k}}_1\ \bar{\mathfrak{k}}_2^{-1}\ \varepsilon\ \mathfrak{N}$ gilt.

Dann und nur dann gehören $\mathfrak{k}_1$ und $\mathfrak{k}_2$ zur gleichen Klasse nach $\mathfrak{K} \frown \mathfrak{U}$, wenn $\mathfrak{k}_{0[(c\,k_1)^{-1}]} = \mathfrak{k}_{0[(c\,k_2)^{-1}]}$ ist. Das gleiche gilt von $\bar{\mathfrak{k}}_1$ und $\bar{\mathfrak{k}}_2$. Sei deshalb $\mathfrak{k}_i\ \varepsilon\ \mathfrak{K} \frown \mathfrak{U}$ $(i = 1, 2)$ und $\mathfrak{k}_{0[(c\,k_i)^{-1}]} = 1$, also $\bar{\mathfrak{k}}_i = \mathfrak{k}_{a^{-1}(\mathfrak{k}_i)}\ \varepsilon\ \mathfrak{K} \frown \mathfrak{U}$.

Weiter gilt dann und nur dann $\mathfrak{k}_1\mathfrak{k}_2^{-1}\ \varepsilon\ \mathfrak{N}$, wenn $k_1 = k_2$ ist. Dies ist wieder dann und nur dann der Fall, wenn:

$$(\mathfrak{K} \frown \mathfrak{U})\ \mathfrak{k}_{\nu(c^{-1})}\ \mathfrak{k}_{a^{-1}(\mathfrak{k}_1)} = (\mathfrak{K} \frown \mathfrak{U})\ \mathfrak{k}_{\nu(c^{-1})}\ \mathfrak{k}_{a^{-1}(\mathfrak{k}_2)}$$ oder

$(\mathfrak{K} \frown \mathfrak{U})\ \mathfrak{k}_{\nu(c^{-1})} = (\mathfrak{K} \frown \mathfrak{U})\ \mathfrak{k}_{\nu(c^{-1})}\ \mathfrak{k}_{a^{-1}(\mathfrak{k}_2)}\ \mathfrak{k}^{-1}_{a^{-1}(\mathfrak{k}_1)}$ für alle ν ist, woraus (1) folgt.

Gleichzeitig haben wir gezeigt:

(2) Dann und nur dann gehören $\mathfrak{k}_1$ und $\mathfrak{k}_2$ zur gleichen Klasse von $\mathfrak{K}$ nach $\mathfrak{K} \frown \mathfrak{U}$, wenn $\bar{\mathfrak{k}}_1$ und $\bar{\mathfrak{k}}_2$ es tun.

(3) Die Zuordnung: $\mathfrak{k}^{-1} \rightarrow \bar{\mathfrak{k}}$ stellt einen Isomorphismus von $\mathfrak{K}\,/\,\mathfrak{N}$ dar, der einen Iscmorphismus von $\|\,\mathfrak{K}\,/\,\mathfrak{K} \frown \mathfrak{U}\,\|$ induziert.

Wegen (1) und (2) ist nur zu zeigen, daß:

$$\overline{\mathfrak{N}\ \mathfrak{k}_1\ \mathfrak{k}_2} = \overline{\mathfrak{N}\ \mathfrak{k}_1} \cdot \overline{\mathfrak{N}\ \mathfrak{k}_2}$$ ist.

Wir setzen — zur Abkürzung — $\mathfrak{k}_1\mathfrak{k}_2 = \mathfrak{k}_{1\,2}$.

[1]) D. h. A c = A c $(\mathfrak{k})$.

Es ist: $(\mathfrak{K} \frown \mathfrak{U})\ \mathfrak{k}_{\nu[(c\,k_{12})^{-1}]} = (\mathfrak{K} \frown \mathfrak{U})\ \mathfrak{k}_{\nu(c^{-1})}\ \bar{\mathfrak{k}}_{1\,2}$

$= (\mathfrak{K} \frown \mathfrak{U})\ \mathfrak{k}_{\nu[(c\,k_1\,k_2)^{-1}]} = (\mathfrak{K} \frown \mathfrak{U})\ \mathfrak{k}_{\nu[\{(c\,k_1)k_2\}^{-1}]}$

$= (\mathfrak{K} \frown \mathfrak{U})\ \mathfrak{k}_{\nu[(c\,k_1)^{-1}]}\ \bar{\mathfrak{k}}_2 = (\mathfrak{K} \frown \mathfrak{U})\ \mathfrak{k}_{\nu(c^{-1})}\ \bar{\mathfrak{k}}_1\ \bar{\mathfrak{k}}_2.$

(4) Die Zuordnung: $\mathfrak{k}^{-1} \rightarrow \bar{\mathfrak{k}}$ *induziert* c^{-1} *in* $\| \mathfrak{K} / \mathfrak{K} \frown \mathfrak{U} \|$.

Es wird nämlich der Klasse:

$(\mathfrak{K} \frown \mathfrak{U})\ \mathfrak{k}^{-1} = (\mathfrak{K} \frown \mathfrak{U})\ \mathfrak{k}_{0[k^{-1}]}$ von $\| \mathfrak{K} / \mathfrak{K} \frown \mathfrak{U} \|$ die Klasse:

$(\mathfrak{K} \frown \mathfrak{U})\ \bar{\mathfrak{k}} = (\mathfrak{K} \frown \mathfrak{U})\ \mathfrak{k}_{a^{-1}(\mathfrak{k})}\ \mathfrak{k}_{0[(c\,k)^{-1}]} = (\mathfrak{K} \frown \mathfrak{U})\ \mathfrak{k}_{[0(k^{-1})](c^{-1})}$

zugeordnet.

Aus (3) und (4) folgt aber die Notwendigkeit der Bedingung des Zusatzes.

B. Werde c^{-1} durch den Isomorphismus: $\mathfrak{N}\mathfrak{k}^{-1} \rightarrow \mathfrak{N}\bar{\mathfrak{k}}$ von $\mathfrak{K} / \mathfrak{N}$ induziert; dann ist:

$$(\mathfrak{K} \frown \mathfrak{U})\ \mathfrak{k}_{\nu[(c\,k)^{-1}]}\ \mathfrak{k}^{-1}_{0[(c\,k)^{-1}]} = (\mathfrak{K} \frown \mathfrak{U})\ [\mathfrak{k}_1\ \mathfrak{k}_{\nu(k^{-1})}\ \mathfrak{k}_0^{-1}{}_{(k^{-1})}\ \mathfrak{k}_2^{-1}]_{(c^{-1})}$$
$$= (\mathfrak{K} \frown \mathfrak{U})\ [\mathfrak{k}_1\ \mathfrak{k}_\nu\ \mathfrak{k}^{-1}\ (\mathfrak{k}_0\ \mathfrak{k}^{-1})^{-1}\ \mathfrak{k}_2^{-1}]_{(c^{-1})} = (\mathfrak{K} \frown \mathfrak{U})\ \mathfrak{k}_{\nu(c^{-1})}\ \mathfrak{k}_3,$$

wo $\mathfrak{k}_i \ \varepsilon\ \mathfrak{K} \frown \mathfrak{U}$ für $i = 1, 2, 3$ ist.

($(\mathfrak{K} \frown \mathfrak{U})\ \mathfrak{k}_{\nu(c^{-1})}$ bedeutet ja nur, daß der obige Isomorphismus das Element $\mathfrak{N}\ \mathfrak{k}_{\nu(c^{-1})}$ von $\mathfrak{K}/\mathfrak{N}$ gewissen Elementen aus $(\mathfrak{K} \frown \mathfrak{U})\ \mathfrak{k}_\nu$ zuordnet.)

Satz 8: *Dann und nur dann ist* M* *hinsichtlich* $\mathfrak{M}$ *und* U* *hinsichtlich* $\mathfrak{U}$ *transitiv, wenn*

1. C *eine Gruppe ist,*

2. für jedes $\mathfrak{k}\ \varepsilon\ \mathfrak{K}$ *aus* $c\ \varepsilon\ C$ *auch* $c(\mathfrak{k})\ \varepsilon\ C$ *folgt, wo* $c(\mathfrak{k})$ *gemäß Bedingung 1 des Satz 7 zu bestimmen,*

3. die Klassen ähnlicher Klassen gleichmächtig sind.

Die Notwendigkeit der Bedingungen 1.–3. folgt aus Satz 6 und Satz 7, das Hinreichen eben daraus, wenn der folgende Hilfssatz bewiesen ist:

Wenn M* *hinsichtlich* $\mathfrak{K}$ *und* $\mathfrak{U}$ *transitiv ist, so ist* M* *auch hinsichtlich* $\mathfrak{M}$ *transitiv.*

Sei $\mathfrak{m}\ \varepsilon\ \mathfrak{M}$, $\mathfrak{m} = \mathfrak{k}\mathfrak{u}$ mit $\mathfrak{k}\ \varepsilon\ \mathfrak{K}$, $\mathfrak{u}\ \varepsilon\ \mathfrak{U}$; sei a ε M* derart, daß die Identität in $\mathfrak{k}$, b ε M* derart, daß sie in $\mathfrak{u}$ übergeht; dann geht sie bei ab in $\mathfrak{m}$ über.

Zusatz I: *Die Bedingungen 1 und 2 des Satz 8 sind z. B. erfüllt*

1. wenn C = A *ist*[1]*),*

2. wenn C *die Gruppe aller eineindeutigen Abbildungen von* $\|\mathfrak{K}/\mathfrak{K} \frown \mathfrak{U}\|$ *auf sich ist, bei denen* $\mathfrak{K} \frown \mathfrak{U}$ *fest bleibt,*

3. wenn C *eine Gruppe von Isomorphismen von* $\| \mathfrak{K} / \mathfrak{K} \frown \mathfrak{U} \|$ *ist, die*

---

[1]) Auf eine Zerlegung 1. Art und eine 2. Art dieses einfachsten Typus ist jede Zerlegung, die dem SCHMIDTschen Zerlegungsbegriff genügt, zurückzuführen; cf. K. F. SCHMIDT: l. c. p. 94.

durch Isomorphismen an $\mathfrak{K}/\mathfrak{N}$ *induziert werden, d. s. z. B. beliebige Isomorphismen, wenn* $\mathfrak{K} \frown \mathfrak{U} = \{1\}$ *ist; in diesem Fall ist* A *ein Normalteiler von* C.

Dies folgt aus Satz 8 und dem Zusatz des Satz 7. Daß im 3. Falle A Normalteiler von C ist, folgt aus der Relation: ck = a(k) c für jedes $\mathfrak{k} \varepsilon \mathfrak{K}$ mit a(k) ε A; es ist ja für jedes k ε A dann:

$$\mathrm{c\ k\ c^{-1} = a(k)}\ \varepsilon\ \mathrm{A}.$$

Zusatz 2: *Führen zwei kongruente Abbildungen die Identität von* $\mathfrak{M}$ *in das gleiche Element über, so bewirken sie die gleiche eineindeutige Abbildung der Menge der Klassen von* $\mathfrak{M}$ *nach* $\mathfrak{U}$ *auf sich.*

Dies gilt, wenn die Identität in sich übergeht; da dann $\mathfrak{K}$ invariant bleibt, geht $\mathfrak{K} \frown Y_\nu = (\mathfrak{K} \frown \mathfrak{U})\ \mathfrak{k}_\nu$ in sich über, also auch Y_ν, da die Abbildungen kongruent sein sollen. — Führen aber u_1 und u_2 die Identität in $\mathfrak{m}\ \varepsilon\ \mathfrak{M}$ über, so läßt $\mathrm{u}_1\ \mathrm{u}_2^{-1}$ sie und also alle Y_ν invariant.

Zusatz 3: *Die allgemeinste kongruente Abbildung von* $\mathfrak{M}$, *bei der jede Klasse nach* $\mathfrak{U}$ *in sich übergeht, ist charakterisiert*

1. durch eine beliebige eineindeutige Abbildung von $\| \mathfrak{M} / \mathfrak{K} \|$ *auf sich, bei der Klassen nach* $\mathfrak{K}$ *nur in ähnliche Klassen übergehen*[1])

2. durch die Zuordnung: $\mathfrak{a}_\mu \rightarrow \mathfrak{k}\ \mathfrak{a}_\mu$, *wo* $\mathfrak{a}_\mu\ \varepsilon\ K_\mu$ *beliebig und* $\mathfrak{k}\ \varepsilon\ \mathfrak{N}$ *beliebig ist.*[1])

Sind nämlich K_1 und K_2 ähnlich, so gibt es Elemente $\mathfrak{a}_i\ \varepsilon\ K_i \frown \mathfrak{U}$, so daß $(\mathfrak{K} \frown \mathfrak{U})\ \mathfrak{k}_\nu\ \mathfrak{a}_i = K_i \frown Y_\nu$ ist. Die Abbildung $\mathfrak{a}_1 \leftrightarrows \mathfrak{a}_2$ leistet das Verlangte.

Weiter ist für $\mathfrak{k}\ \varepsilon\ \mathfrak{N}$ auch stets $(\mathfrak{K} \frown \mathfrak{U})\ \mathfrak{k}_\nu\ \mathfrak{k} = (\mathfrak{K} \frown \mathfrak{U})\ \mathfrak{k}_\nu$. — Die Umkehrung ist evident.

Zusatz 4: *Liege eine Satz 8 genügende Zerlegung 2. Art von* $\mathfrak{M}$ *nach* $\mathfrak{U}$ *vor; sei* $\mathfrak{U}_1$ *eine Untermischgruppe 1. Art von* $\mathfrak{M}$; *dann und nur dann ist die Gruppe* U_1^* *aller und nur der kongruenten Abbildungen — rücksichtlich der Zerlegung von* $\mathfrak{M}$ *nach* $\mathfrak{U}$ —, *die* $\mathfrak{U}_1$ *in sich überführen, hinsichtlich* $\mathfrak{U}_1$ *transitiv, wenn*

1. $\mathfrak{U}_1$ *nur gleichmächtige Klassen ähnlicher Klassen enthält*[2]),

2. das Teilsystem C_1 *von* C *der zu den Klassen ähnlicher Klassen aus* $\mathfrak{U}_1$ *gehörigen charakteristischen Abbildungen den Bedingungen 1, 2 des Satzes 8 genügt.*

---

[1]) Ist die Zahl der Klassen nach $\mathfrak{K}$ endlich, so braucht Bedingung 1 nur für die Klasse der zu $\mathfrak{K}$ ähnlichen Klassen, Bedingung 2 nur für $\mathfrak{K}$ selbst unter gleichzeitiger Invarianthaltung aller übrigen Klassen gefordert zu werden.

[2]) D. s. die Durchschnitte von $\mathfrak{U}_1$ mit den Klassen ähnlicher Klassen der Zerlegung von $\mathfrak{M}$ nach $\mathfrak{U}$.

Die Gruppe U_1^* enthält nämlich die kongruenten Abbildungen von $\mathfrak{U}_1$ rücksichtlich der Zerlegung 2. Art von $\mathfrak{U}_1$ nach $\mathfrak{U} \frown \mathfrak{U}_1$, die durch die vorgelegte Zerlegung von $\mathfrak{M}$ nach $\mathfrak{U}$ induziert wird.

Satz 9: *Dann und nur dann ist eine Zerlegung gemäß (Z) realisierbar, wenn sie den Bedingungen 1—3 des Satzes 8 genügt*[1]*, und wenn*

4a. entweder eine Klasse ähnlicher Klassen wenigstens drei Klassen enthält

4b. oder $\mathfrak{K} \frown \mathfrak{U}$ einen nicht nur die Identität enthaltenden Normalteiler $\mathfrak{N}$ von $\mathfrak{K}$ umfaßt.

A. Daß die Bedingungen 1—3 und 4 a hinreichen, folgt aus Satz 8, dem Zusatz 3, 1 zu Satz 8 und aus Satz 5 des § 2 von Mg.

Daß die Bedingungen 1—3 und 4 b hinreichen, folgt aus Satz 8 und dem Zusatz zu Satz 2 des § 2.

B. Es gebe nur eine zu $\mathfrak{K}$ ähnliche Klasse $K \neq \mathfrak{K}$; dann folgt aus Satz 5 des § 2 von Mg und aus Zusatz 3,2 des Satz 5 die Notwendigkeit von 4 b, da K in sich übergehen muß, wenn $\mathfrak{K}$ invariant bleibt. Gibt es keine zu $\mathfrak{K}$ ähnliche Klasse $\neq \mathfrak{K}$, so folgt die Notwendigkeit von 4 b wieder aus Zusatz 3, 2 des Satz 8 und Satz 5 des § 2 von Mg, da dann ja bei Invarianthaltung von $\mathfrak{K}$ jede Klasse nach $\mathfrak{K}$ in sich übergehen muß.

Die Notwendigkeit der Bedingungen 1—3 folgt aus Satz 8.

Zusatz: *Es gibt dann und nur dann wenigstens eine gruppentheoretische Zerlegung von $\mathfrak{M}$ nach $\mathfrak{U}$, wenn*

a.) entweder die Zahl der Elemente von $\| \mathfrak{M} / \mathfrak{K} \| \neq 2$ ist

b.) oder $\mathfrak{K} \frown \mathfrak{U}$ einen nicht nur die Identität enthaltenden Normalteiler $\mathfrak{N}$ von $\mathfrak{K}$ umfaßt.

Dies folgt aus Satz 9 und dem Zusatz 1, 1 des Satz 8.

Satz 10: *Dann und nur dann gibt es höchstens eine realisierbare Zerlegung von $\mathfrak{M}$ nach $\mathfrak{U}$, wenn*

1. nur C = A *den Bedingungen des Satzes 8 genügt,*

2. $\mathfrak{K} \frown \mathfrak{U}$ Normalteiler von $\mathfrak{K}$ ist.

Denn dann und nur dann ist für beliebiges $\mathfrak{a}_i \varepsilon K \frown \mathfrak{U}$ $(i = 1, 2)$ $(\mathfrak{K} \frown \mathfrak{U})\, \mathfrak{k}_\nu\, \mathfrak{a}_1 = (\mathfrak{K} \frown \mathfrak{U})\, \mathfrak{k}_\nu\, \mathfrak{a}_2$, wenn $\mathfrak{K} \frown \mathfrak{U}$ Normalteiler von $\mathfrak{K}$ ist.

---

[1]) Ein unter anderen Gesichtspunkten gewonnenes, einfacheres, aber den Bedingungen 1 2, gleichwertiges Kriterium wird im Satz 5 des § 7, Abschnitt II angegeben.

§ 6. Die Zerlegungen 3. Art.

Liegt eine realisierbare Zerlegung 3. Art von $\mathfrak{M}$ nach $\mathfrak{U}$ vor, so betrachten wir das System $\mathfrak{U}_1$ aller und nur der Klassen von $\mathfrak{M}$ nach $\mathfrak{K}$, welche mit allen und nur den Klassen nach $\mathfrak{U}$ inzidieren, die auch mit $\mathfrak{K}$ inzidieren.

Bei kongruenten Abbildungen von $\mathfrak{M}$ auf sich geht $\mathfrak{U}_1$ entweder in sich oder in ein fremdes System über.

Die Zerlegung von $\mathfrak{M}$ nach $\mathfrak{U}$ induziert gleichzeitig eine Zerlegung von $\mathfrak{U}_1$ nach $\mathfrak{U} \frown \mathfrak{U}_1$; diese ist 2. Art; zu ihr gehört also eine für sie charakteristische Gruppe, die den Bedingungen des Satzes 8 des § 5 genügt, Klassen ähnlicher Klassen etc. und es gilt der folgende allgemeine

Satz: *Eine Zerlegung 3. Art von $\mathfrak{M}$ nach $\mathfrak{U}$ ist dann und nur dann realisierbar, wenn*

1. die Gruppe der kongruenten Abbildungen hinsichtlich $\mathfrak{M}$ transitiv ist,

2a. entweder eine Klasse ähnlicher Klassen wenigstens drei Elemente enthält oder

2b. $\mathfrak{K} \frown \mathfrak{U}$ einen nicht nur die Identität enthaltenden Normalteiler von $\mathfrak{K}$ umfaßt.

§ 7. Die Komposition der Zerlegungsmischgruppe.

Es liege irgendeine gemäß (Z) des § 1 realisierbare Zerlegung von $\mathfrak{M}$ nach der Untermischgruppe $\mathfrak{U}$ vor; die Realisierung erfolge durch Zerlegung einer Gruppe A nach der Untergruppe B. Wegen Satz 1 des § 1 können wir annehmen, daß A eine Untergruppe der Gruppe M* aller kongruenten Abbildungen von $\mathfrak{M}$ auf sich ist; dann ist $B = U^* \frown A$, wo U* die Gruppe aller kongruenten Abbildungen von $\mathfrak{M}$ ist, bei denen $\mathfrak{U}$ in sich übergeht.

(K) Fragen wir nach dem Kern der Quotientenmischgruppe $\|A / B\|$, *so haben wir nach Satz 2 des § 1 von Mg den Normalisator* N $(B < A)$ *von* B *in* A *aufzusuchen.*

Auf diese Weise ließe sich eine Komposition der Elemente der Zerlegungsmischgruppe definieren; allerdings wäre dieselbe im allgemeinen von der jeweils gewählten Realisierung abhängig und in verschiedenen Realisierungen verschieden. — Enthält $\mathfrak{U}$ nicht nur Elemente aus $\mathfrak{K}$, so ist der Weg, die Komposition der Klassen durch Komposition der Elemente zu erklären, ganz ungangbar.

(E) Es wäre ev. möglich, ein geeignet ausgewähltes Repräsentantensystem der Definition der Komposition zugrunde zu legen.

Dagegen spricht, daß das Ergebnis von der Auswahl des Repräsentantensystems abhängig wird.

Wir werden deshalb wesentlich (K) untersuchen, auch da sich (K) als das für die Anwendungen in der Galoisschen Theorie Natürlichere erweist[1]); gelegentlich werden wir die Ergebnisse mit (E) vergleichen. —

Satz 1: *Eine Klasse Y der vorliegenden Zerlegung gehört dann und nur dann zum Kern von $\| A / B \|$, wenn Y bei allen Abbildungen aus* B *in sich übergeht.*

Der Satz ist ein Analogon des Satz 5 des § 2 von Mg. — Sei $\bar{Y}$ die Y entsprechende Klasse von $\| A / B \|$ d. h. alle und nur die Elemente aus $\bar{Y}$ führen $\mathfrak{U}$ in Y über.

A. Sei $y \,\varepsilon\, \bar{Y}$ und $b \,\varepsilon\, B$ beliebig; dann führen alle $b \,\varepsilon\, B$ die Klassen $\mathfrak{U}$ und Y je in sich über; notwendig führt $y\, b\, y^{-1}$ wieder $\mathfrak{U}$ in sich über, d. h. $y\, b\, y^{-1} \,\varepsilon\, B$.

B. Ist $y\, b = b_1\, y$ mit $b_1 \,\varepsilon\, B$ für alle $b \,\varepsilon\, B$, so führen $b_1\, y$ und also auch alle $y\, b$ die Klasse $\mathfrak{U}$ in Y über; also führen alle $b \,\varepsilon\, B$ auch Y in sich über, wenn $y \,\varepsilon\, N\, (B < A)$.

I. Die Zerlegungen I. Art: $\mathfrak{K} \frown \mathfrak{U} = \mathfrak{K}$.

Satz 2: *1. Ist die Zahl der von $\mathfrak{U}$ verschiedenen Klassen nach $\mathfrak{U}$ höchstens eins, so ist* B *Normalteiler von* A.

2. Ist die Zahl der von $\mathfrak{U}$ verschiedenen Klassen nach $\mathfrak{U}$ größer als eins, so bildet ein Teilsystem $\mathfrak{U}_1$ der Klassen nach $\mathfrak{U}$ dann und nur dann für eine Realisierung den Kern, wenn es möglich ist, die nicht in $\mathfrak{U}_1$ auftretenden Klassen nach $\mathfrak{U}$ in zu $\mathfrak{U}_1$ gleichmächtige, untereinander fremde Klassen einzuteilen.

Speziell für M* *besteht der Kern nur aus $\mathfrak{U}$.*

Folgt aus Satz 1 und Zusatz zu Satz 1 des § 4.

Zusatz: *Eine Komposition nach (E) würde als Kern nur $\mathfrak{U}$ d. h. die Identität liefern.*

II. Die Zerlegungen 2. Art.

Sei im folgenden $\mathfrak{U}$ eine Untermischgruppe 2. Art von $\mathfrak{M}$, d. h. alle Klassen nach $\mathfrak{K}$ inzidieren mit $\mathfrak{U}$.

Satz 3: *Zum Kern der Quotientenmischgruppe $\| A / B \|$ gehören nur solche Klassen nach $\mathfrak{U}$, die mit dem Kern von $\| \mathfrak{K} / \mathfrak{K} \frown \mathfrak{U} \|$ inzidieren.*

Denn bei der Gesamtheit der Abbildungen:

$$\mathfrak{K} \frown Y_\nu = (\mathfrak{K} \frown \mathfrak{U})\ \mathfrak{k}_\nu \rightarrow (\mathfrak{K} \frown \mathfrak{U})\ \mathfrak{k}_\nu\ \mathfrak{k}_u \text{ mit } \mathfrak{k}_u \,\varepsilon\, \mathfrak{K} \frown \mathfrak{U}$$

bleiben alle und nur die Klassen des Kerns von $\| \mathfrak{K} / \mathfrak{K} \frown \mathfrak{U} \|$ invariant (cf. Satz 1!).

---

[1]) Vgl. Anm. [2]) S. 4.

Satz 4: *Sei* $\mathfrak{H}$ *das System aller der Klassen von* $\| \mathfrak{K} / \mathfrak{K} \frown \mathfrak{U} \|$ *die bei allen Abbildungen aus* C, *der charakteristischen Gruppe, invariant bleiben; dann ist*

1. $\mathfrak{K} \frown \mathfrak{U}$ *Normalteiler von* $\mathfrak{H}$,

2. inzidieren alle und nur die Klassen des Kerns von $\| A / B \|$ *mit* $\mathfrak{H}$,

3. ist der Kern der Zerlegungsmischgruppe isomorph zu $\mathfrak{H} / \mathfrak{K} \frown \mathfrak{U}$.

2 folgt aus Satz 1 und Hilfssatz (4) beim Beweis A des Satz 6 des § 5.

3 folgt aus 2; sind nämlich $\mathfrak{h}_i \varepsilon \mathfrak{H}$ $(i = 1, 2)$ beliebig und $a_i \varepsilon A$ so, daß bei a_i die Identität in $\mathfrak{h}_i$ übergeht — solche Elemente muß es wegen der Transitivität von A geben — so führt $a_1\, a_2$ die Klasse $\mathfrak{K} \frown \mathfrak{U}$ in $(\mathfrak{K} \frown \mathfrak{U})\, \mathfrak{h}_1\, \mathfrak{h}_2$ über. — 1 folgt sofort aus 3.

Definition: *Sei* $\mathfrak{H}$ *eine Untergruppe von* $\mathfrak{K}$ *und* $\mathfrak{K} \frown \mathfrak{U}$ *Normalteiler von* $\mathfrak{H}$; *die Mischgruppe* $\| \mathfrak{K} / \mathfrak{K} \frown \mathfrak{U} \|_{\mathfrak{H}}$ *hat*

1. $\mathfrak{H} / \mathfrak{K} \frown \mathfrak{U}$ *zum Kern;*

2. hat $[(\mathfrak{K} \frown \mathfrak{U})\, \mathfrak{h}] \cdot [(\mathfrak{K} \frown \mathfrak{U})\, \mathfrak{k}]$ *dann und nur dann einen Sinn, wenn* $\mathfrak{h} \varepsilon \mathfrak{H}$ *ist;*

3. wenn $\mathfrak{h} \varepsilon \mathfrak{H}$ *ist, so ist*

$$[(\mathfrak{K} \frown \mathfrak{U})\mathfrak{h}][(\mathfrak{K} \frown \mathfrak{U})\mathfrak{k}] = (\mathfrak{K} \frown \mathfrak{U})\mathfrak{h}\ \mathfrak{k}.$$ [1])

Satz 5: *Sei* D *die Gruppe aller ähnlichen Abbildungen von* $\| \mathfrak{K} / \mathfrak{K} \frown \mathfrak{U} \|_{\mathfrak{H}}$, *die durch Elemente aus* $\mathfrak{K}$ *erzeugt werden; sei* $C \vee D$ *die Vereinigungsgruppe von* C *und* D, *d. h. die kleinste* C *und* D *umfassende Gruppe eineindeutiger Abbildungen von* $\| \mathfrak{K} / \mathfrak{K} \frown \mathfrak{A} \|_{\mathfrak{H}}$ *auf sich, und schließlich* H *die Untergruppe aller und nur der Elemente aus* $C \vee D$, *die* $\mathfrak{K} \frown \mathfrak{U}$ *bzw.* $\mathfrak{H} / \mathfrak{K} \frown \mathfrak{U}$ *invariant lassen*[2]).

Dann und nur dann genügt C *den Bedingungen 1 und 2 des Satz 8 des § 5, wenn*

1. C *eine Gruppe ähnlicher Abbildungen von* $\| \mathfrak{K} / \mathfrak{K} \frown \mathfrak{U} \|_{\mathfrak{H}}$,

2. $C = H$ *ist.*

A. Die Notwendigkeit folgt aus der Isomorphie zwischen C und $B / (B \frown J)$, die nach Hilfssatz (4) beim Beweis A des Satz 6 des § 5 besteht.

B. Seien k und $k\,(c^{-1})$ wie in Bedingung 2 des Satz 8 des § 5 bestimmt; dann ist $k \varepsilon D$ und $k\,(c^{-1}) \varepsilon D$. Weiter ist dann $k(c^{-1})ck \varepsilon H$ und wegen $H = C$ auch $c\,(\mathfrak{k}) = k\,(c^{-1})\, c\, k \varepsilon C$.

Zusatz: *Die Bedingungen 1, 2 des Satz 9 des § 5 können durch die Bedingungen 1, 2 des Satzes 5 ersetzt werden.*

---

[1]) $\| \mathfrak{K} / \mathfrak{K} \frown \mathfrak{U} \|$ ist hyperisomorph zu $\| \mathfrak{K} / \mathfrak{K} \frown \mathfrak{U} \|_{\mathfrak{H}}$ im Sinne von A. Loewy: Sitz.-Ber. d. Heidelberger Akad. d. Wiss. 1927 (1), p. 5.

[2]) Vgl. Zusatz 1 des Satz 1 des § 2 von Mg, S. 9.

III. Die Zerlegungen 3. Art.

Satz 6: *Sei* $\| \mathrm{A} / \mathrm{B} \|$ *eine Realisierung einer Zerlegung 3. Art von* $\mathfrak{M}$ *nach* $\mathfrak{U}$*; dann ist* B *der Kern von* $\| \mathrm{A} / \mathrm{B} \|$.

Sei nämlich $Y \neq \mathfrak{U}$ eine beliebige Klasse nach $\mathfrak{U}$, die mit $\mathfrak{K}$ inzidiert; dann gibt es eine Klasse K nach $\mathfrak{K}$, die zwar mit $\mathfrak{U}$, aber nicht mit Y inzidiert; geht $\mathfrak{U}$ so in sich über, daß $\mathfrak{K}$ in K übergeht, so kann also Y nicht in sich übergehen. Aus Satz 1 folgt jetzt unser Satz.

Anm.: Für die Zerlegungen 2. und 3. Art würde die Komposition nach (E) als Kern i. A. die mit dem Kern von $\| \mathfrak{K} / \mathfrak{K} \frown \mathfrak{U} \|$ inzidierenden Klassen ergeben.

Abteilung B. Biologische Wissenschaften.

Jahrgang 1923.

1. KOSSEL, A. und R. E. GROSS. Über die Darstellung und quantitative Bestimmung des Argiuins. Reichsmark 0·30

Von Jahrgang 1925 ab findet die Trennung in Abteilung A und B nicht mehr statt.

Jahrgang 1925.

1. HEFFTER, LOTHAR. Zur absoluten Geometrie II. Reichsmark 0·50
2. ROESER, ERNST. Die komplementären Figuren der nichteuklidischen Ebene. Reichsmark 0·50
3. FLADT, KUNO. Neuer Beweis f. d. Zuordnung von rechtwinkligem Dreieck und Spitzeck in der hyperbolischen Elementargeometrie. Reichsmark 0·30
4. SALOMON, WILHELM. Beobachtungen über Harnische. Reichsmark 0·70
5. LOEWY, A. Beiträge zur Algebra. 1—4. Reichsmark 1·—
6. HELLPACH, WILLY. 2. Mitteilung zur Physiognomik der deutschen Volksstämme. Reichsmark 0·30
7. LOEWY, ALFRED. Neue elementare Begründung u. Erweiterung der Galois'schen Theorie. Reichsmark 2·—
8. CURTIUS, THEODOR u. BERTHO, ALFRED. Einwirkung von Stickstoffkohlenoxyd und von Stickstoffwasserstoffsäure unter Druck auf aromatische Kohlenwasserstoffe. Reichsmark 0·40
9. ROESER, ERNST. Die gnomonische Projektion in der hyperbolischen Geometrie. Reichsmark 0·70
10. RASCH, G. Über die Ausnützung der Gezeiten des Meeres zur Energiegewinnung. Reichsmark 0·80
11. SALOMON, WILHELM. Magmatische Hebungen. Reichsmark 1·20
12. PÜTTER, A. Altersbestimmungen an Drachenbäumen von Teuerife. Reichsmark 0·90
13. VOLK, OTTO. Über geodätische rhombische Kurvennetze auf krummen Flächen, insbesondere auf Flächen konstanter Krümmung. Reichsmark 1·10
14. ROESER, ERNST. Die Fundamentalkonstruktion der hyperbolischen Geometrie. Reichsmark 1·40
15. RÜGER, L. u. RÜGER-HAAS, P. Palaeosemaeostoma geryonides v. Huene sp. eine sessile Meduse aus dem Dogger von Wehingen i. W. und Medusina liasica nov. sp., eine coronatenähnliche Meduse aus dem mittleren Lias von Hechingen i. Württemberg. Reichsmark 1·50

Jahrgang 1926.

1. KRULL, WOLFGANG. Theorie und Anwendung der verallgemeinerten Abelschen Gruppen. Reichsmark 1·70
2. KLEBS, GEORG. Über periodisch wachsende tropische Baumarten. Reichsmark 1·20
3. MÜLLER, MAX. Über die Oberfläche von Flächenstücken. Reichsmark 1·20
4. ERNST, MAX. Über Anlagen von Organen, die nicht zur Ausbildung gelangen. Reichsmark 0·50
5. ERNST, EMIL. Die optischen Eigenschaften des Andesins von Bodenmais Reichsmark 1·10
6. LIEPMANN, WILHELM. Leichengeburt bei Ichthyosauriern. Reichsmark 0·90
7. KLEBS, GEORG. Über die Längenperiode der Internodien. Reichsmark 2·40
8. JOST, L. u. v. UBISCH, G. Zur Windefrage. Reichsmark 0·80
9. SALOMON, WILHELM. Gibt es Gesteine, die für bestimmte Erdperioden charakteristisch sind? Reichsmark 0·30
10. ROESER, ERNST. Der reelle Übergang zwischen den beiden nichteuklidischen Geometrien und ihrem Parallelenbegriff. Reichsmark 1·20
11. SALOMON, WILHELM. Kugelförmige Absonderung. Reichsmark 0·80
12. SALOMON, Felsenmeere und Blockstreuungen. Reichsmark 0·80
13. SALOMON, Die Gruppendefinitionen in der Paläontologie. Reichsmark 0·90

Jahrgang 1927.

1. LOEWY, ALFRED. Neue elementare Begründung und Erweiterung der Galoisschen Theorie. Reichsmark 1·60
2. LIEBMANN, HEINRICH. Rhombische Geradennetze im Raum. Reichsmark 1·—
3. VOLK, OTTO. Über geodätische Dreiecknetze auf Flächen konstanten Krümmungsmaßes. Reichsmark 1·80
4. PÜTTER, A. Chemische Reizwirkung und Giftwirkung. Mit einem mathematischen Anhang: Ein Diffussionsproblem von E. TREFFTZ. Reichsmark 2·40
5. REMBS, EDUARD. Die Verbiegung des verlängerten Rotationsellipsoids. Reichsmark 1·60
6. MAYER, ADOLF. Naturwissenschaftliche Ästhetik. Reichsmark 0·90
7. MAYER, ADOLF. Naturwissenschaftliche Volkswirtschaftslehre. Reichsm 0·80
8. BAER, R., KAPFERER, H., KRULL, W., SCHMIDT, F. K. Beiträge zur Algebra. Nr. 5—10. Reichsmark 6·20
9. MÜLLER, MAX. Über die Eindeutigkeit der Intregale eines Systems gewöhnlicher Differentialgleichungen und die Konvergenz einer Gattung von Verfahren zur Approximation dieser Integrale. Reichsmark 2·50
10. FREUDENBERG, KARL. Intramolekulare Umlagerung optisch-aktiver Systeme. Reichsmark 1·—
11. ROESER, ERNST. Abbildung der hyperbolischen Ebene auf die Kugel mittels der Beziehung zwischen Lot und Parallelwinkel. Reichsmark 1·—
12. RÜGER, L. Die direkte gebirgsgetreue Übertragung der auf dem Universaldrehtisch gewonnenen Messungsergebnisse gebirgsorientierter Schliffe in das Diagramm. Reichsmark 1·20
13. JOST, L. Elektrische Potentialdifferenzen an der Einzelzelle. Reichsmark 1·90

Jahrgang 1928.

1. RÜGER, L. Einige Bemerkungen zur Darstellung tektonischer Elemente, insbesonders von Klüften und Harnischen. Reichsmark 1·20
2. HERBST, CURT. Untersuchungen zur Bestimmung des Geschlechts. Ein neuer Weg zur Lösung des Geschlechtsbestimmungsproblems bei Bonellia viridis. Reichsmark 1·50
3. MERTON, HUGO. Untersuchungen über die Entstehung amöbenähnlicher Zellen aus absterbenden Infusorien. Reichsmark 2·20
4. BAER, REINHOLD. Zur Einordnung der Theorie der Mischgruppen in die Gruppentheorie. Reichsmark 2·20
5. BAER, REINHOLD. Über die Zerlegungen einer Mischgruppe nach einer Untermischgruppe. Reichsmark 1·50

Abhandlungen
der Heidelberger Akademie der Wissenschaften

Mathematisch-naturwissenschaftliche Klasse

Abteilung A

12. MOHR, ERNST. Über den Zusammenhang zwischen der Struktur und den morphologischen Merkmalen des Diamanten. 1924. Reichsmark 3·50
13. REINMUTH, KARL. Die Herschel-Nebel, nach Aufnahmen der Königstuhlsternwarte. 1926. Reichsmark 20·—
14. SALOMON, WILHELM. Die Erbohrung der Heidelberger Radium-Sol-Therme und ihre geologischen Verhältnisse. 1927. Reichsmark 8·—

Druck: Hermann Böhlaus Nachfolger Hof-Buchdruckerei G. m. b. H. Weimar.

Zeitfracht Medien GmbH
Ferdinand-Jühlke-Straße 7
99095 Erfurt, Deutschland
produktsicherheit@kolibri360.de